流态固化土设计与施工技术手册

**流動化処理土
利用技術マニュアル**

（日）国立研究开发法人土木研究所
（日）株式会社流动化处理工法综合监理 ｜ 编

周永祥 栾尧 ｜ 译

U0209931

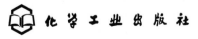

化学工业出版社

·北京·

内容简介

本书介绍了利用工程渣土制备流态固化土用于建筑和市政工程的回填技术，涉及流态固化土的技术优势、工艺特点，以及流态固化土的强度、拌和物流动性、匀质性、体积收缩、透水性、温度变形等性能指标，重点介绍了流态固化土填筑技术方案设计、材料性能要求、配合比设计，以及流态固化土的生产、运输与施工过程的质量控制，并给出了若干在日本成功应用的工程案例。

本书适合填筑设计、流态固化土生产与施工、工程渣土和固废资源化利用等方向的技术人员以及高等院校、科研单位的研究人员阅读。

流動化処理士利用技術マニーアル（平成 19 年第 2 版），由独立行政法人土木研究所、株式会社流動化処理工法総合監理編著，技報堂出版株式会社出版。

ISBN 978-4-7655-1727-0

Copyright© 2008 by Research Institute & LSS General Management Co . Ltd .

All rights reserved.

本书中文简体字版由 技報堂出版株式会社 授权化学工业出版社独家出版发行。

未经许可，不得以任何方式复制或抄袭本书的任何部分，违者必究。

北京市版权局著作权合同登记号：01-2024-4489

图书在版编目（CIP）数据

流态固化土设计与施工技术手册 ／ 日本国立研究开发法人土木研究所，日本株式会社流动化处理工法综合监理编 ；周永祥，栾尧译． -- 北京 ： 化学工业出版社，2024.11（2025.5重印）． -- ISBN 978-7-122-46459-0

Ⅰ．TU751-62

中国国家版本馆CIP数据核字第202408ZG44号

责任编辑：林　俐　　　　　　　文字编辑：冯国庆
责任校对：宋　夏　　　　　　　装帧设计：韩　飞

出版发行：化学工业出版社
　　　　　（北京市东城区青年湖南街13号　邮政编码100011）
印　　装：北京天宇星印刷厂
787mm×1092mm　1/16　印张8　字数200千字
2025年5月北京第1版第2次印刷

购书咨询：010-64518888　　　　售后服务：010-64518899
网　　址：http://www.cip.com.cn
凡购买本书，如有缺损质量问题，本社销售中心负责调换。

定　　价：78.00元　　　　　　　版权所有　违者必究

原著前言

　　根据《再生资源利用促进法》(1991年4月)以及建设省令，已经开始了对工程渣土的回收再利用。当时，以有效利用工程渣土为目的，建设省设立了综合技术开发项目"建设副产物的发生抑制和再生利用技术的开发"(1992～1996年)，作为其成果之一，土木研究所和日本建筑业经营协会共同编制了《关于流态固化土应用技术的研究报告》(土木研究所共同研究报告书第172号)，并于1997年出版发行了《流态固化土应用技术手册(初版)》。

　　此后，在"循环利用计划21"(1994年4月)、"建设循环利用推进计划97"(1997年10月)和"建设循环利用推进计划2002"(2002年5月)等政策文件的基础上，持续开展了工程渣土在工程中的就地利用和各种技术开发。然而，根据2005年的建筑废弃物实际状况调查，基础设施工程产生渣土的运出量(弃方量)约为运入量(填方量)的2倍，而且渣土在工程建设中的利用率仅为62.9%，工程渣土的再生利用仍然处于严峻的状况。

　　因此，鉴于当前的社会动向和技术进展，土木研究所以及日本建筑业经营协会决定对本书第一版进行修订并出版发行第二版。

　　我们希望本手册能获得广泛使用，为促进工程渣土的再生利用做出贡献。

国立研究开发法人土木研究所 理事长

坂本忠彦

株式会社流动化处理工法综合监理

岩渊常太郎

2007年12月

日文版参与人名单

小桥秀俊	国立研究开发法人土木研究所	材料施工部	土质研究室
古本一司	国立研究开发法人土木研究所	材料施工部	土质研究室
桝谷有吾	国立研究开发法人土木研究所	材料施工部	土质研究室

久野悟郎	流态固化土技术研究单位
岩渊常太郎	流态固化土技术研究单位
和泉彰彦	流态固化土技术研究单位
泉诚司郎	流态固化土技术研究单位
市原道三	流态固化土技术研究单位
糸濑茂	流态固化土技术研究单位
大野雄司	流态固化土技术研究单位
加见节男	流态固化土技术研究单位
胜田力	流态固化土技术研究单位
小林学	流态固化土技术研究单位
酒本纯一	流态固化土技术研究单位
佐原千加子	流态固化土技术研究单位
柴田靖平	流态固化土技术研究单位
嶋田昭	流态固化土技术研究单位
助川祯	流态固化土技术研究单位
濑野健助	流态固化土技术研究单位
高木功	流态固化土技术研究单位
高桥秀夫	流态固化土技术研究单位
武内健司	流态固化土技术研究单位
中马忠司	流态固化土技术研究单位
富山竹史	流态固化土技术研究单位
仁科憲	流态固化土技术研究单位
沼泽秀幸	流态固化土技术研究单位
桥本则之	流态固化土技术研究单位
原德和	流态固化土技术研究单位
菱沼一充	流态固化土技术研究单位
平田昌宏	流态固化土技术研究单位
古川政人	流态固化土技术研究单位
保立尚人	流态固化土技术研究单位
三井达也	流态固化土技术研究单位
道前大三	流态固化土技术研究单位
宫本和敏	流态固化土技术研究单位
安田知之	流态固化土技术研究单位
吉原证博	流态固化土技术研究单位

目 录

第 1 章

概论

1.1 流态固化土的概况及特点

流态固化土是在砂土中加入高含水率的泥浆（或普通的水），并与固化剂混合，使之具有流动特性的湿法稳定/固化土。这种土工材料常用于难以进行压实的狭窄空间中，通过浇筑施工来填充缝隙，固化后获得一定的强度和较高的密度来确保工程质量。

流态化处理工艺是指采用施工现场产生的各种类型的渣土（包括建筑污泥）作为主要材料，按照不同填筑材料所要求的品质进行配合比设计，并在现场进行稳定的生产、管理、输送和浇筑等一系列技术。

图 1.1　流态固化土用于回填狭小空间

经验表明，试图在黏土等软土中掺入改良地基用的固化剂时，会因黏土颗粒结团（块）而无法均匀混合。流态化处理工艺是在砂土中添加含有细粒成分的泥浆，制造出粒度构成和含水率满足所需品质的泥状土，进而在此状态下添加固化剂进行混合搅拌的工艺方法。通过这种方法可以使固化剂均匀地分散在土颗粒之间。流态固化土用于回填狭小空间如图 1.1 所示。

将这些泥浆和工程渣土混合，就可以在流态固化土中确保含有一定量的细颗粒，从而在施工时防止拌和物离析，以实现固化土品质的稳定。因此，硬化后的流态固化土不仅可以获得均匀的强度，而且气孔少，避免了含水率和粒度分布不均匀，从而获得较稳定的性能。

为了将工程渣土作为主要原材料进行再生利用，并满足作为回填或者衬砌材料的性能要求，引入了一种调节泥状土中的细颗粒含量的特殊配合比设计法。据此方法，当渣土中含有大量粗砂颗粒时，可先在细粒土中加水混合制成泥浆，再添加渣土并调制成达到规定湿密度的泥状土。另外，当工程渣土的细粒含量高时，也可以直接加水（代替泥浆）进行混合搅拌制成泥状土，但要注意保证达到规定的湿密度。

流态固化土的制造方法分为两类：①在施工现场直接再利用现场产生的砂土和泥土；②在另外固定的地点设置堆场和搅拌站，接收砂土和泥土进行再利用。前者必须使用现场产生的泥沙和泥土，施工条件也受到现场的限制。现场的回填施工结束后，搅拌站也会被拆除。而后者是根据指定的性能要求进行流态固化土的生产，并将其运送到回填现场，类似于混凝土搅拌站，可灵活应用于城市的工程建设。

流态固化土的主要特点如下。

（1）再利用

可以利用各种土质的工程渣土。

除了石砾和有机质含量高的土以外，各种土质的工程渣土都可以作为原料使用，包括过去被认为不适合用于土工的高含水率黏土、淤泥和泥土（包括建筑渣土）等。

（2）施工性

具有流动性，不需要振捣。由于硬化前具有较高的流动性，即使在狭窄的空间或形状复杂的场所也易于进行回填。另外，可通过泵送进行浇筑，无须振捣，大大节省了人工。

（3）材料特性

① 可以任意设定流动性和强度。通过调节固化剂和泥浆的比例，可实现不同用途所需的流动性和强度（单轴抗压强度可达 q_u =100 ～ 10000 kN/m^2）。

② 透水性低、黏附性高，因此不易受地下水侵蚀。

③ 黏附性高，地震时不发生液化。

④ 浇筑后的体积收缩和可压缩性小。

开发流态固化土技术以促进工程渣土的再利用为目标，为此应尽可能多地使用工程渣土并制造较高密度的固化土。因此，配合比设计在满足施工所需的流动性的同时，还要考虑尽可能地提高工程渣土的利用率。如图1.2所示为流态固化土所含的水、水泥、土颗粒的体积分数。最近的施工案例表明，孔隙比 e 低于2的高密度流态固化土也可以应用于实际。

1.2 应用

流态固化土具有较好的流动性和自硬性，施工时无须振捣作业，因此在狭窄空间和振捣困难的部位等情况下用于回填、衬砌和填充具有良好的效果。流态固化土的主要应用如图1.3所示。

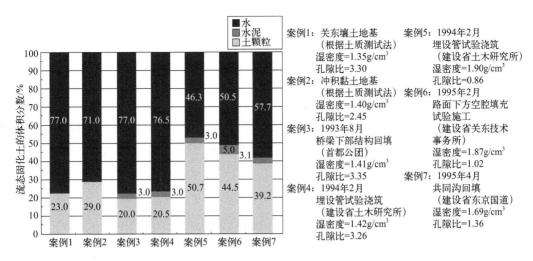

案例1：关东壤土地基
（根据土质测试法）
湿密度=1.35g/cm³
孔隙比=3.30

案例2：冲积黏土地基
（根据土质测试法）
湿密度=1.40g/cm³
孔隙比=2.45

案例3：1993年8月
桥梁下部结构回填
（首都公团）
湿密度=1.41g/cm³
孔隙比=3.35

案例4：1994年2月
埋设管试验浇筑
（建设省土木研究所）
湿密度=1.42g/cm³
孔隙比=3.26

案例5：1994年2月
埋设管试验浇筑
（建设省土木研究所）
湿密度=1.90g/cm³
孔隙比=0.86

案例6：1995年2月
路面下方空腔填充
试验施工
（建设省关东技术
事务所）
湿密度=1.87g/cm³
孔隙比=1.02

案例7：1995年4月
共同沟回填
（建设省东京国道）
湿密度=1.69g/cm³
孔隙比=1.36

图1.2 流态固化土含有的水、水泥、土颗粒的体积分数

(a) 埋设管道的回填

(b) 电缆埋设与回填

(c) 地下综合管廊的回填

(d) 建筑物地板下空间的填充

(e) 路面下空洞的填充

(f) 桥台、护墙的回填和衬砌

(g) 护岸的背面衬砌
（包括水下施工）

(h) 建筑物的回填

(i) 用于地铁道床的基础

图1.3 流态固化土的主要应用

1.3　术语说明

以下对本书使用的主要术语进行说明。

（1）流态固化土

流态固化土原则上由泥状土和使其获得稳定的力学性能的固化剂混合而成。

（2）泥状土

泥状土是指未掺入固化剂制成流态固化土之前的泥土状态的土。这种土按照所需的湿密度和黏度进行调配，使之具有抗分层离析和流动性等性能。因此，泥状土需要含有足够的黏土和粉土成分。根据工程渣土中细粒和粗粒成分的比例，泥状土有3种制造模式。

第1种模式：当渣土中含有大量细颗粒土时，将渣土和水以一定比例混合制浆。如果渣土中的砂粒成分不足，流态固化土的湿密度有时会达不到要求。

第2种模式：当渣土中的砂粒成分不足时，为达到所需要的密度，在进行配合比设计时加入一定比例的砂质土，然后将其添加到富含细颗粒土的泥浆中进行混合。

第3种模式：当渣土中含有大量粗粒而黏性不足时，在将渣土和水混合成泥浆后，再掺入气泡、膨润土、高岭土等，调整拌和物黏度，使得粗粒不易分层离析。

为了简便地把握泥状土的黏性，可以参照"堆石混凝土用砂浆的流动性测试方法（P漏斗试验：JSCE—1986）"，或者使用测量精度更好的改良型P漏斗试验测定流出时间，也可以采用泡沫混凝土及泡沫轻质土的试验方法（JHS A 313/圆筒法），根据泥状土的流动扩展度来对其黏性进行评价。

（3）调整泥浆和泥浆混合比（率）

在砂质土中掺入含有细粒成分的泥浆制作泥状土时，根据配合比试验对含有细粒成分的泥浆密度进行调整，得到的泥浆称为调整泥浆。调整泥浆可预先制作和储存，并在制作泥状土时将其和砂质土进行混合搅拌。

配合比设计规定了调整泥浆的配合比（土和水的量）和主材（渣土）的混合量。具体来说，用如下的泥浆混合比或者泥浆混合率来表示两者之间的混合比例。

$$泥浆混合比\,p = \frac{调整泥浆的质量}{主材的湿质量}$$

$$泥浆混合比\,P = \frac{调整泥浆的质量}{主材的湿质量 + 调整泥浆质量}$$

（4）主材料（原料土）

主材和原料土是指作为原料的工程渣土（包括建筑污泥），主材适用于流态固化土的配合比设计，原料土适用于在搅拌站生产流态固化土。

主材是作为流态固化土的原料土的砂土，几乎所有在土建施工中产生的土都可以作为主材。但是，对于不需要进行固化处理就可以直接再利用的优质土，例如第1、2类工程渣土，按照原来的方法再利用则更为经济。另外，对于劣质土，如含有大量细粒土且含水率为40%～80%的黏土、粉土和泥土（第4类工程渣土和泥土），从取土场获取的细粒土，水处理厂里不含有害物质的污泥，河川、湖沼的底泥，通常处理和处置成本较高。如果将这些土用作流态固化土的主材料，就不需要额外的处理和处置费用，从而降低了建设成本。

当同时产生优质土和劣质土时，为了增加工程渣土的整体使用量，应更多地使用优质土，例如优先使用粗粒含量比第4类土更高的第3类土，这样可以增加渣土的再利用率，提高循环利用效果。另外，当使用含有砾石和砂子的优质工程渣土时，应确保其含有足够的细粒成分。如果细粒成分不足，就会发生离析泌水，固化土强度不稳定。可用于主材料的砾石最大粒径约为40mm。

另外，主材料不能含有《土壤污染对策法》等规定的有害物质，使用建筑污泥时必须遵循《废弃物处理法》。

流态固化土回填施工后，再次开挖获得的土仍可视为工程渣土，可以再次被作为流态固化土的主材料使用。再次开挖固化土的强度为 $q_u = 600\text{kN} / \text{m}^2$ 左右时可以直接利用，当强度更高时则需要进行破碎处理。

使用建筑渣土和污泥作为主材料时，应确认泥状土的pH值。需要注意pH值高的泥状土在混入固化剂后可能会发生凝结。

（5）固化剂及其掺加量

固化剂包括普通硅酸盐水泥、高炉矿渣水泥、粉煤灰水泥、石灰，以及土壤稳定/固化用的水泥系固化剂和石灰系固化剂等。在选择时要考虑强度、耐久性以及对环境的影响。

固化剂掺量是指根据配合比设计确定的固化剂用量，固化剂掺量表示为在生产时每立方米的泥状土需要掺入的固化剂的量。

另外，在使用以水泥为主的固化剂时，要注意选择能使固化土的六价铬溶出量低于环境标准的固化剂类型。

（6）外加剂

外加剂的作用是调整流态固化土的流动性和凝结时间。掺入的固化剂会随着时间的推移逐渐硬化，因此固化土从搅拌站向浇筑现场运输的过程中流动性会下降。特别是在夏季气温高或者运输时间超过1h的情况下，流动性会大幅度下降，因此需要使用流动性保持剂或者对逐渐硬化的固化土恢复其流动性的分散剂。

另外，对于回填施工后需要迅速恢复运行状态的情况，例如在道路下进行埋设管道的回填，可以使用提高硬化速度的速硬性外加剂。此外，还开发了满足不同性能要求的外加剂，如减小流态固化土透水系数的外加剂，在水中浇筑时抑制拌和物离析的增稠剂等。

1.4　性能要求

流态固化土的主材料是工程渣土（建筑开挖土及建筑污泥）。从循环利用的观点来看，不应对工程渣土的种类进行刻意筛选或者因为土性参差不齐而拒绝使用。但是，流态固化土作为回填、填充材料，其品质需要保持稳定。流态化处理工艺就是要用性能差异较大的主材料制造出性能稳定的回填、填充、衬砌材料。其性能至少包括以下4个方面：

① 无侧限抗压强度；

② 湿密度；

③ 泌水率；

④ 扩展度。

这些指标的标准值是根据回填、填充、衬砌等用途及结构而定的（参照第3章中表3.1）。为了保证流态固化土的性能满足以上四项要求，需要通过配合比设计得到合适的工程渣土、水和固化剂的用量。与一般固化土的配合比设计只需满足无侧限抗压强度相比，流态固化土增加了湿润密度等3个指标，这与以往的固化土处理方法不同。

（1）无侧限抗压强度和湿密度

流态固化土可用于难以进行压实作业的狭窄空间，通过浇筑施工进行回填或充填缝隙。其性能要求：在承受周边结构或岩土之间的压缩荷载和剪切荷载时，不会发生变形或破坏，能够承受一定的作用力。如果浇筑的流态固化土的强度不均，应力会集中在固化强度高的部分，因此固化土的强度应尽可能均匀。

流态固化土的强度源自固化剂的胶结作用及固化土中含有的土颗粒。当受到剪切荷载时，两者并不是同时提供强度，而是在胶结作用丧失以后土颗粒的强度才开始发挥作用。

关于土颗粒提供的强度，主要是在流态固化土中含有较多的砂成分，在湿密度ρ_t超过$1.6g/cm^3$的情况下，在胶结作用遭到破坏时，由砂粒的相互咬合产生抗剪切力。砂粒的咬合作用产生抗剪切力时，局部的胶结丧失导致的微小破坏发生后应力就会向周边传导，因此支撑荷载的不是某个点，而是形成面支撑的趋势。但是，因为流态固化土的强度基本上由固化强度来承担，且很难做到每次配合比都进行三轴压缩试验，因此，没有直接规定砂粒的强度，而是通过规定湿密度来确保剪切强度（参照第2章）。

强度通过无侧限抗压试验求得。设计抗压强度约为无侧限抗压强度的90%，剪切强度为无侧限抗压强度的1/2。

强度的一般标准值如第3章中表3.1所示。作为回填材料，强度不需要比周边岩土强度高，可参考岩土强度，并考虑回填固化土的覆土压力引起的压密沉降来确定。另外，作为回填材料使用时，如需要再次开挖并再次利用开挖土，可以根据开挖难易度确定强度的上限值。一般来说，无侧限抗压强度在600kN/m²以下或现场CBR值在30%以下的土易于进行二次开挖。在配合比设计中，通过室内试验获得满足以上目标值的固化剂用量等。

图1.4 扩展度试验

（2）扩展度

流动性评价的目的是掌握施工浇筑时流态固化土的流动坡度。固化土的黏性越大，流动坡度就越高；反之黏性越小，坡度就越低。流动坡度能够自然找平，流动扩展范围大的自流平固化土对施工有利。但是黏性低时用水量增多，固化土密度较低，容易发生离析。因此，有时需考虑到泌水率来规定扩展度的上限值。关于扩展度的下限值，在固化土黏性较高时，根据施工中所能接受的流动性下限来决定。扩展度低于140mm时，流动坡度有可能超过10%。此时，浇筑施工会变得困难，需要考虑使用料斗直投浇筑并引入振捣等方式。根据过去的经验，当扩展度低于110mm时，往往很难有合适的方法来完成施工。

流态固化土的流动性一般通过如图1.4所示的扩展度试验进行评价。进行扩展度试验评价时，固化土与平板之间的摩擦对扩展度有很大影响，要注意测得的扩展度是否能合理评价固化土的物理流动特性。另外，在现场浇筑时，固化土的流动性可通过和扩展度有关的经验公式来预测，并且因为扩展度试验可以多次简单地重复，有助于掌握流动性的相对性能变化。因此从实用的观点出发，扩展度被用于评价流态固化土的流动性。

土木学会相关标准中的扩展度试验适用于黏性相对较高、粗粒土成分较多的固化土的流动性评价。对于流动性高的泥浆，P漏斗试验确认了流出时间与泥浆黏性的相关关系，有望用于生产阶段的质量管理。

（3）泌水率

流态固化土的分层离析分为两种现象：一种是固化剂和细粒成分发生结团现象并下沉，导致水分向上移动析出；另一种是泥浆中的砂粒沉积在下部，细粒成分残留在上部。设定泌水率的指标是为了抑制这两种现象，并定量地评价土颗粒在竖直方向上是否保持均匀分布。

表面发生泌水后，一部分已固化成分会溶出于水中，可能导致泌水附近的固化强度趋向不稳定。发生这种现象时，由于水化反应引起的固化发展进程先于表面水的干燥，所以有时在流态固化土表层会观察到龟裂现象。在这种情况下，表层固化土发生抗压强度损失的可能性较小，但龟裂发生的部分有可能无法发挥足够的抗剪作用。

另外，为了抑制泥浆中粗粒土的下沉，拌和物需要具有较高的黏聚性。试验结果表明，在泌水率不到1%时，大体上可以抑制砂粒的沉降。为了减少泌水的发生，需要增加泥浆的黏聚性，可以通过配合比试验减少泥浆中的水分含量或者增加细粒成分的比例。

1.5 适用工法上的注意点

1.5.1 考虑选定工法

在现场对产生的砂土和泥土（包括建设污泥）进行再利用时，选定流态化处理方法要基于以下考虑。

① 对于可直接再利用的优质工程渣土（第1类、第2类工程渣土等），用作流态固化土的原料土成本上往往会有所不利。同时，生产流态固化土时也需要设置堆场和搅拌站。

② 在都市区的建设现场，一般情况下难以确保堆场和搅拌站的设置用地。但是，如果能够在同一地点确保堆场和搅拌站设置用地时，就可以在此堆集工程渣土生产流态固化土，并运输到多个施工现场。

流态化处理工艺的选定需要根据各种情况确定。选定流态化处理工艺后，需要确定流态固化土的材料品质规格。这里要考虑到固化土承受的土压和荷载以确定强度等性能要求（参照3.3节中有关"不同用途的性能要求"部分）。为确保所需的性能，对工程渣土及泥土（包括建设污泥）进行土质试验，并进行配合比设计（参照第3章中有关"配合比设计"部分）。确定配合比后，确定生产及施工方法并实施施工。

工程渣土和泥土（包括建设污泥）在堆集状态下土性会发生频繁变动，这些变动可能会导致其不再适用于已确定的配合比。因此，在生产阶段的质量管理很重要，为了制造性能稳定的流动固化土，必须对其进行适当的管理。

1.5.2 工程渣土利用的注意事项

流态固化土可以使用包括第1类工程渣土和泥土（包括建设污泥）等广泛的土质，但在利用工程渣土时需要注意以下几点（参照4.6.1性能管控）。

（1）木片、铁丝等异物的混入

流态固化土往往是通过管道从制浆场向储泥槽、搅拌站和搅拌车输送。如果固化土中混入异物，就会诱发管道阻塞。工厂发生的故障中最常见的是木片和铁丝等细长异物的混入。因此，必须尽最大可能避免工程渣土中混入木片和铁丝等异物。特别是在地表土和建筑拆除现场产生的土中，异物的混入很多。

如图1.5所示是在采用关东地区壤土层的开挖土制备流态固化土时混入的异物，可见木片、PVC管、树根、布片等。

（2）使用固化剂的地基改良土的混入

使用固化剂进行过地基改良的开挖土，往往会出现颗粒结团化，可能会导致设备故障和管道阻塞。特别是对强度 q_u 在 600 kN/m² 以上的开挖土时，应预先将粒径破碎至40mm以下。另外，对于 q_u 在 600 kN/m² 以下的强度不高的开挖土，在生产过程中可以在搅拌机内

图1.5　关东地区壤土层混入的异物

粉碎，因此可以直接使用。对于使用地基改良产生的泥浆或改良土，如果其中混入了尚未反应的固化剂，而在配合比里不考虑这些未反应的固化剂含量时，需要注意固化土强度可能会变得很大。

（3）堆场的工程渣土管理

工程渣土的堆场尽量预留足够的面积。当每天生产100m³以上的固化土时，包括工厂场地在内，最少需要400m²左右的用地。由于流态固化土的配合比根据土的种类有所不同，因此应尽可能确保堆场有足够的面积，可按照工程渣土的种类分开存储。但是在都市区等场合很难确保堆场面积，所以堆场多是沿着道路设置成细长形状。

面积不够的堆场难以分类保管渣土，只能将不同种类的渣土依次连续存放。如图1.6所示是在细长的堆场中从里到外依次堆存工程渣土的例子。对该堆场的土进行粒度分析，其结果如图1.7所示。尽管取土间隔约为20m，但粒度变化仍然很大。由于这种土质差异，虽然可以在搅拌站中通过改变配合比来生产满足需要的固化土，但有时会影响作业效率和性能稳定性，因此，在生产时应及时根据土的变化做出应对。

图1.6　在细长的堆场中从里到外依次堆存工程渣土的例子

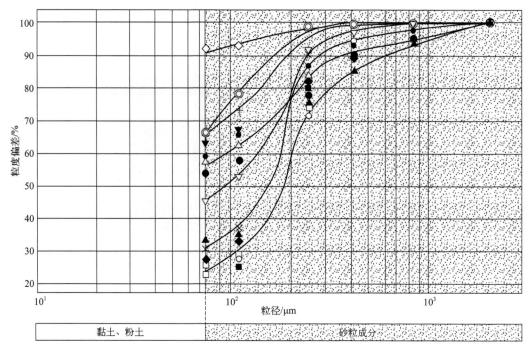

图 1.7　堆场土的粒度偏差

第 2 章

工程性能

■ ■ ■ ■ ■

作为土工材料的流态固化土，所要求的性能包括固化状态下的强度、密度特性和尚未固化状态下的性能及施工性能。强度特性通过单轴抗压强度来评价，与抗压强度、剪切强度、CBR、地基反作用力系数等相关联。另外，与施工性能相关的性能则与材料抗离析性（泌水率）和流动性（扩展度）等相关联。在设计流态固化土时，必须基于上述特性，以下详细介绍。

2.1 强度特性

流态固化土的单轴抗压强度根据土的种类、泥浆密度和固化材料的掺入量而变化。进行配合比试验时，测得各种土的单轴抗压强度。单轴抗压强度以28d龄期为标准值。从单轴抗压强度可以推测流态固化土的剪切强度和抗压强度。此外，流态固化土的单轴抗压强度主要表现为固化强度，应注意该试验无法充分评价固化土中的土颗粒产生的剪胀效应对强度的贡献。当含砂量大且湿润密度高时，固化强度丧失后会出现发生韧性剪切破坏，从而表现出高于固化强度的剪切强度。

作为土结构的一部分使用以及在大口径埋设管的下部浇筑时，应考虑地基反作用力系数。在复杂地下结构的回填时，结构行为的数值解析需要用到弹性模量和泊松比。用于路面下的空洞填充和道路下的埋设管道等的回填时，需要测定CBR值。另外，在判断流态固化土能否进行再次开挖时，有时也会使用现场CBR值。以下是基于以往实验室试验和现场施工的数据拟合得到的与流态固化土单轴抗压强度之间的关系。

2.1.1 单轴抗压强度与龄期

流态固化土的抗压强度来自固化剂的水化反应和火山灰反应，并随时间延长而增长。在实际工程中，三种情况下龄期与强度的关系很重要：①配合比设计的抗压强度通常使用28d龄期数据，但由于养护时间的限制，有时会根据7d龄期强度推算出28d龄期强度，因此需要建立两者之间的关系；②当需要当天恢复交通或完成修复时，如埋设管道的回填和分层浇筑等，需要建立以小时（h）为单位的强度发展关系；③在研究长期耐久性时，需要评估几年后的固化土强度。相关数据如图2.1和图2.2所示。

长龄期的单轴抗压强度的趋势如图2.3所示。试验中使用的固化土配合比如表2.1所示。从图2.3中可以看出，水泥系固化剂（D和E）的主要特征表现为强度基本上在28d左右发展完成，且至少在3年内保持稳定。高炉矿渣水泥B类（A、B、C、F）的强度发展则表现为28d龄期以后仍然持续上升至1000d，相比28d强度增长了约百分之几十。

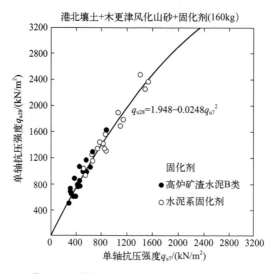

图2.1　7d养护与28d养护的单轴抗压强度关系

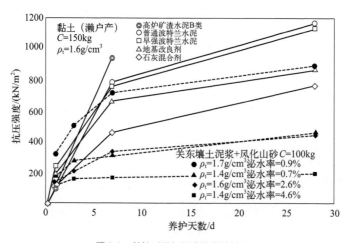

图2.2　养护时间与强度发展的关系

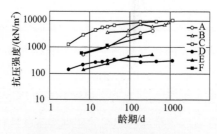

图2.3　长龄期单轴抗压强度的趋势

表2.1　试验中固化土的配合比

样品	ρ_t /(g/cm³)	q_u /(kN/m²)	材料/kg		
			泥浆	砂	固体材料
A	1.84	1080	437	1250	152
B	1.64	3461	745	620	273
C	1.62	6049	827	517	273
D	1.32	311	1120	140	59
E	1.37	248	1269	0	97
F	1.86	1019	442	1263	152

2.1.2　单轴抗压强度与现场贯入试验

为了确认流态固化土浇筑后在某个龄期的强度，有时需要从浇筑的地基中取芯并测试单轴抗压强度。考虑到便利性，也可以在现场进行贯入试验，并根据该值推算出单轴抗压强度。相关数据如图2.4和图2.5所示。

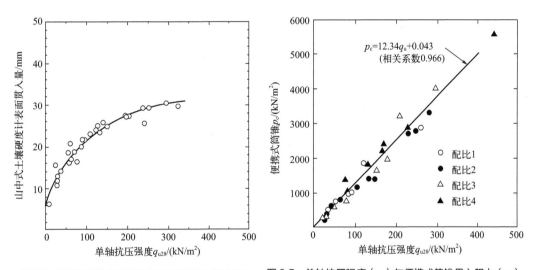

图 2.4　单轴抗压强度与土壤硬度计表面贯入量的关系　　图 2.5　单轴抗压强度（q_u）与便携式筒锥贯入阻力（p_c）的关系

2.1.3　单轴抗压强度与 CBR

当流态固化土用于道路下层的结构回填时，要求固化土满足路基的某些性能，有时需要参考其实验室的CBR值。单轴抗压强度与CBR的关系如图2.6所示。根据土工材料工程分类标准，这里所示的流态固化土为SF类（细粒成分含量6% ～ 10%），湿密度为1.87g/cm³，干密度为1.4g/cm³，孔隙比为1.0。7d龄期的抗压强度平均值为500kN/m²，28d平均值为1000kN /m²。如图2.6所示，7d龄期的试验室CBR值为20% ～ 30%，28d龄期为40% ～ 70%。后者与单轴抗压强度的关系由式（2.1）表示。

$$室内CBR(\%) = 0.062 \times \frac{q_{u28}}{q_u^*} \times 100 \qquad (2.1)$$

式中，q_u^* 为室内CBR无量纲化而设置的标准强度100kN/m²。

一般来说，干密度为1.4 g/cm³的土，其CBR值可以推测为4%～8%。同时，根据土的种类来推定，CBR值可认为在8%～30%之间。与实验室的试验值相比，相对于干密度下的CBR预测值为4%～8%，固化土的CBR值为40%～70%，固化剂对CBR值的影响效果是密度影响效果的10倍左右。如果与根据土的种类得到的CBR预测值相比，固化剂的影响效果则增加了约5倍。

对单轴抗压强度和湿密度不同的流态固化土模拟地基进行现场CBR试验，其结果如图2.7所示。在现场CBR试验中，将贯入杆压入地基中可得到荷载-贯入量曲线。流态固化土地基的贯入曲线分为两条，分别是固化强度丧失之前的初始上升曲线，以及固化强度丧失后坡度相对较缓表示残留变形的曲线。两条曲线的边界呈现出跨越现场CBR贯入量2.5mm和5.0mm的趋势。在5.0mm时，现场CBR值是固化强度丧失前的上升荷载和坡度变缓后的荷载的累积值，不一定能够代表固化强度本身对应的现场CBR值。因此，按照测试法（JSF T 721—1990和JIS A 1211），取贯入量2.5mm的值作为固化强度下的CBR值。通过试验得到的现场CBR与单轴抗压强度的关系如下。

$$现场\quad CBR(\%) = 0.075 \times \frac{q_{u28}}{q_u^*} \times 100 \qquad (2.2)$$

式中，q_u^* 为使现场CBR无量纲化而设定的标准强度100kN/m²。

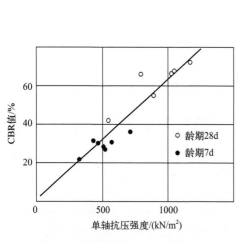

图2.6 单轴抗压强度与CBR值的关系

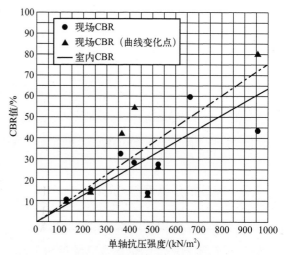

图2.7 单轴抗压强度与现场CBR的关系

式（2.1）和式（2.2）的系数分别为0.062和0.075，说明室内CBR值相比现场CBR值偏小。由于这两种测试的加载速度等试验条件相同，因此其系数偏差有可能是因为现场条件和地基边界条件的影响。流态固化土几乎处于饱和状态，在施加荷载时，虽然随着变形而产生的超孔隙水压会逐渐分散，但推测这些超孔隙水压是引起偏差的主要原因。

2.1.4 地基反力系数

在开挖地基的基坑中浇筑流态固化土并进行平板荷载试验，求出的地基反作用力系数值如图2.8所示。这里采用了单轴抗压强度和湿密度不同的五种流态固化土。试验得出的曲线较少，地基反力系数与单轴抗压强度系数的相关性有一定离散性。在抗压强度为$200 \sim 700kN/m^2$的范围里画中心线，可以得到以下关系式。

$$k = 500 q_{u28} \tag{2.3}$$

一般来说，根据承载力理论，可以将作用于塑性滑移面的剪切应力与地面的剪切强度进行比较来解释地基承载力。这种承载力理论的破坏模式是假定土颗粒通过滑移破坏从受荷部分的底部向周围扩散的机制。在流态固化土的地基上进行平板荷载试验时，出现图2.9所示的塌陷现象。这一观察结果与承载力理论中假定的塑性滑移面向周边地基扩散的机制有明显不同。

因此，通过分析试验数据，比较了地基内产生的最大剪切应力和固化土的抗剪强度，以及地基内的最大压缩应力与固化土的抗压强度，结果如图2.10所示，在固化强度不同的所有地基（A①～A⑤）上所承载的压缩应力均超过了地基的压缩固化强度。此时不管地基上的剪切应力有没有达到剪切强度，都没有发生像压缩破坏同等程度的剪切破坏，而是由于压缩破坏导致了塌陷现象。因此，可以认为当施加荷载超过了流态固化土的固化强度时，会发生压缩破坏而导致沉陷（压实），而不是剪切破坏。

单轴抗压强度（q）和地基反力系数（k）的关系表示为式（2.3），而竖直方向的地基反力系数则是利用单轴抗压强度试验得到的E_{50}，通过以下换算式求出。

$$k_{V0} = \frac{1}{0.3} \alpha E_0 \tag{2.4}$$

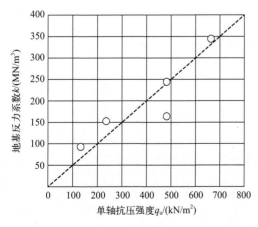

图 2.8　单轴抗压强度（q_u）与地基反力系数（k）的关系

图 2.9　平板荷载试验的塌陷痕迹

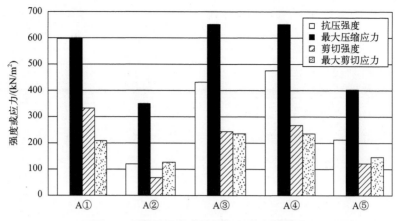

图 2.10　作用于地基的最大应力与地基强度的比较

式中，k_{V0} 为与平板荷载试验值相当的竖直方向地基反力系数；α 是地基反力系数的推定系数；E_0 则取单轴抗压强度试验得到的 E_{50}。

将式（2.3）得到的地基反力系数与式（2.4）的系数比较，前者的值比后者小。例如，当流态固化土的单轴抗压强度为 200kN /m² 左右时，E_{50} 的经验值为 20000 kN/m² 左右。根据式（2.3）和式（2.4）计算地基反力系数 k 得到以下结果。

$$根据式（2.3）\ k = 500 q_{u28} = 500 \times 200 = 1.0 \times 10^5 \left(kN/ m^2 \right)$$

$$根据式（2.4）\ k_{V0} = \frac{1}{0.3} \alpha E_0 = \frac{1}{0.3} \times 4 \times 20000 = 2.7 \times 10^5 \left(kN/ m^2 \right)$$

如上所述，式（2.3）的地基反力系数低于式（2.4）的1/2。这可能是因为后者是基于剪切滑动破坏机制，而前者则是基于压缩破坏机制。根据关系式计算流态固化土的地基反力系数时，需要注意其破坏机制可能与预想的自然地基承载力机制有所不同。

2.1.5　抗压强度 / 压密屈服应力

单轴抗压强度（q）与屈服应力的关系如图2.11所示。图2.11的纵坐标是体积应变（%），横坐标是将压密屈服应力除以单轴抗压强度后的无量纲化数值。图2.11中将具有不同单轴抗压强度和湿密度的固化土分别绘制曲线，图例中给出了各曲线对应的湿密度和单轴抗压强度的值。

如图2.11所示，湿密度和抗压强度不同的各压缩曲线位于相对较小的范围内。在无量纲化的横轴上，压密屈服应力呈现出在比较小的范围内收敛的趋势。利用压密试验的屈服应力定义，各向压密屈服应力和单轴抗压强度的关系可以近似地整理为以下关系式。

$$\sigma'_c = \left(0.9 \sim 1.0 \right) q_{u28} \tag{2.5}$$

式中，σ'_c 是通过等压压密试验获得的压密屈服应力；q_{u28} 是28d龄期的单轴抗压强度。

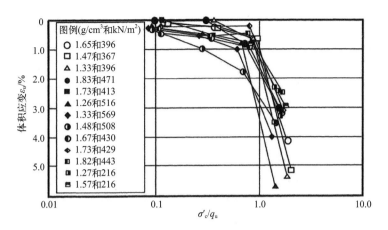

图 2.11　单轴抗压强度（q）与压密屈服应力的关系

另外，图 2.11 中湿密度和压缩指数之间并没有表现出特别的趋势。

2.1.6　抗拉强度

浇筑于复杂形状空间的流态固化土，随着周边地基的变形，固化土内部有可能会产生拉伸应力。如图 2.12 所示为验证拉伸强度的劈裂破坏试验结果。这里的试件采用的是冲积黏土泥浆，并适量加入风化山砂和水泥系固化剂制成。

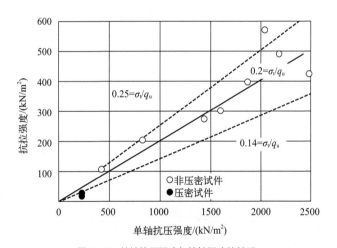

图 2.12　单轴抗压强度与抗拉强度的关系

湿密度为 $1.3 \sim 1.8 \mathrm{g/cm^3}$，目标强度为 $q_\mathrm{u} = 200 \sim 3300 \mathrm{kN/m^2}$，如图 2.12 所示，抗拉强度以 0.2 倍直线为中心与单轴抗压强度表现出相关性。

2.1.7　弹性模量和泊松比

根据过去实施的单轴抗压强度试验，固化土的弹性模量（E_{50}）数据如图 2.13 所示。图中，泥砂（○）、冲积黏土（□）和砂质土（△）为一类，关东壤土（●）和有机质土（■）为另一类，呈现出不同的关系曲线，两类均表现出单轴抗压强度和弹性模量（E_{50}）之间的良好线性关系。单轴抗压强度为 200～500kN /m² 的固化土，前者的弹性模量为 20000～80000 kN/m²，后者为 80000～190000 kN/m²。

如图 2.14 所示为三轴压缩（CD）试验测得的流态固化土的泊松比，由试验得到的体积变化量和轴应变计算得出。在胶结作用丧失之前的轴形变范围 1%～2% 内，泊松比为 0.1～0.2。图 2.14 中湿密度为 1.78 g/cm³、有效约束压为 49kN /m² 的数据组由于胶结作用遭到破坏而发生剪胀，泊松比达到 0.5 以上，趋向于体积膨胀。

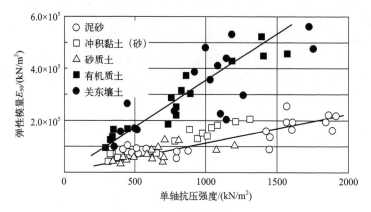

图 2.13　弹性模量的试验结果

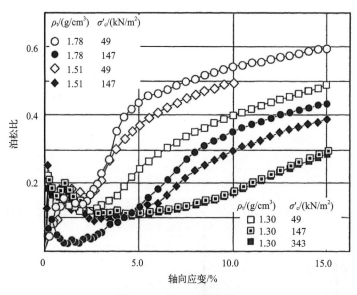

图 2.14　泊松比的测试结果

2.2　流动性

流态固化土的特点是可以用于填充狭窄空间和灌注施工，其性能则通过流动性来评价。

流态固化土的浇筑地点一般在较高位置，使其以一定的流动梯度向低处流动。如要使流态固化土以较为平均的高度向低处流动，需采用平缓的流动梯度。如果流动梯度过大，则需要改变浇筑点的位置，即在回填和填充施工中将流态固化土的流动性作为判断基准，据此在施工现场逐步将灌注管线的端头或浇筑口移动到适当的位置。此外，流动性还被作为对填充性、流动梯度和可泵性的判断标准。

流动性是指通过实际的扩展度试验（参照标准 JHS A313 中 4.6.2 试验方法）获得的扩展度值来进行评价。关于流态固化土的扩展度值与施工所需的填充性、流动梯度和可泵性之间的关系，以下通过室内和现场试验的例子进行说明。

2.2.1　扩展度值与填充性

流态固化土用于地下埋设管道的回填和空洞填充时，填充性是一个需要关注的问题。为了确定扩展度值与填充性的关系，需要进行足尺模型试验。模型概要如图 2.15 所示。为了在试验中再现复杂狭窄的空间，在 4m×1m×0.9m 的大型模具里设置了 5 排 6 层长约 4m 的通信管线构成实际的回填对象（图 2.16）。管线之间的最小间隔为 5mm。在试验中，将流态固化土用料斗从大型模具和通信管线的上方直接浇筑，并对其填充性能进行确认（图 2.17）。

表 2.2 为试验所用的流态固化土的配合比，其扩展度值有所不同，各自的回填试验结果如表 2.3 所示。表 2.3 中的填充率是将浇筑流态固化土的体积除以大型模具内的空隙体积来计算的。其结果显示，即使在形状狭小的空间，扩展度在 115mm 以上基本上可以实现完全填充。脱模后的试验试件剖面图如图 2.18 和图 2.19 所示，即使目测也可确认完全填充。

对于使用配合比 3 的浇筑试验，在硬化后将侧面的一部分切割出来（图 2.20），确认原料中的碎石（粒径 5 ～ 20mm）的分散情况，其结果如图 2.21 所示。

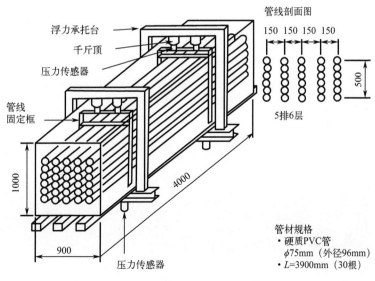

图 2.15　模型概要

 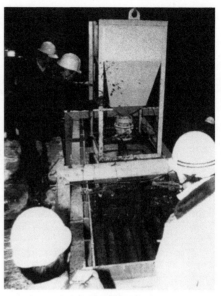

图 2.16　试验模型外观　　　　　　　　　图 2.17　流态固化土的浇筑状况

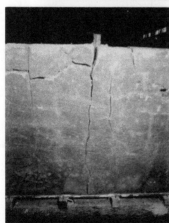 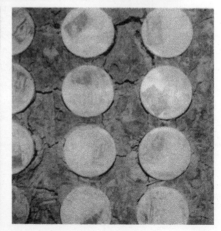

图 2.18　收缩引起的土体外观变化（使用关东壤土的流态固化土）

（扫本书封底或勒口处二维码看彩图）

图 2.19　收缩引起的土体外观变化（使用关东壤土和风化山砂的流态固化土）

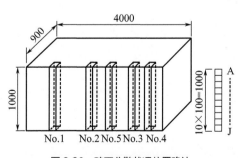

图 2.20　碎石分散状况位置确认

1. No.1 ～ No.4：切出部分深 50mm，宽 100mm，目视确认

2. No.5 "切出部分深 100mm，宽 100mm，取样称重

部位	碎石分布比例（数量）/%			碎石分布比例（质量）/%		
	No.1～No.4 的平均值	10	20	No.5	10	20
A	6.4			15.35		
B	9.1			9.06		
C	12.7			10.84		
D	9.1			8.78		
E	10.0			8.58		
F	7.3			6.33		
G	10.0			6.62		
H	10.0			8.12		
I	13.6			9.15		
J	11.8			17.17		

图 2.21　碎石分散情况

表2.2　试验所用的流态固化土的配合比

配合比	泥浆 W_d/kg		工程渣土 W_s/kg			水泥系固化剂 / （kg/m³）	工程渣土利用率①/%
	关东壤土	水	关东壤土	山砂	碎石（5～20mm）		
1	154	424	762	—	—	100	56.9
2	113	311	—	1464	—	100	77.5
3	116	318	—	1445	388	100	80.8

① 工程渣土利用率＝$W_s \times 100/(W_s+W_d)$。

表2.3　回填试验结果

配合比	扩展度值①/mm	无侧限抗压强度 / （kN/m²）		填充率/%
		σ_7	σ_{28}	
1	115	239	400	99.0
2	163	355	510	102.7
3	192	329	465	100.7

① 采用圆筒法（JHS A 313—1992）测量。

碎石分散相当均匀，没有出现碎石沉降或者与砂子分离的现象。

2.2.2　扩展度值与流动梯度

在坑道回填这类浇筑点仅仅设在坑道入口时，控制流动梯度尤为重要。如果能从扩展度值大致推断出流动梯度，则有助于浇筑管线的布设。以下试验利用足尺坑道模型研究扩展度和流动梯度的关系。

（1）概要

坑道模型试验概要与流态固化土特性如图2.22所示。

从足尺坑道模型的端部直接浇筑流态固化土，测量其流动梯度并取其平均值。此外，在实例3中，在坑道中设置弯曲部分，以测量在弯曲部分流动时的流动梯度。

除了通过直接浇筑测定流动梯度外，还使用具有不同扩展度值的流态固化土（扩展度值：160mm、200mm、350mm）进行顶部填充的性能测试。填充试验的条件有以下3种：①在坑道模型的顶部上配管泵送浇筑；②直接放入流态固化土进行单向浇筑；③在坑道顶部设置凹凸不平的障碍物并进行填充浇筑。

（2）流动梯度

流态固化土的浇筑高度如图2.23所示。图中○所表示的曲线为从模型端部直接浇筑流态固化土时，不同浇筑量下的堆积高度。表2.4给出了在各实例下测得的流动梯度平均值。扩展度值120mm的流态固化土流动梯度为11%，无法流入坑道深处20m以外的部分。

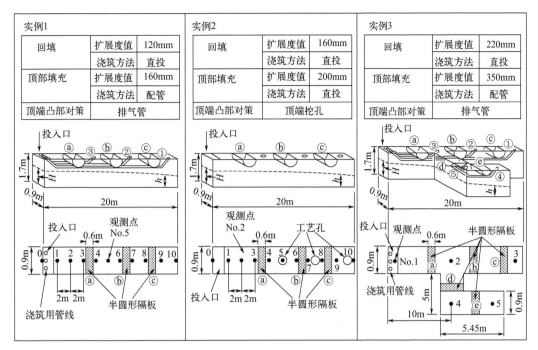

图 2.22　坑道模型试验概要与流态固化土特性

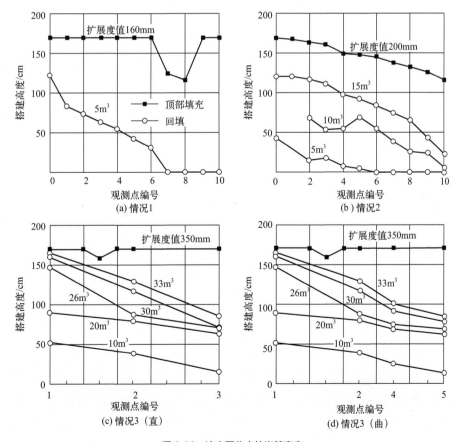

图 2.23　流态固化土的浇筑高度

表2.4　平均流动梯度

实例		扩展度值/mm	流动梯度/%
实例1		120	11.3
实例2		160	2.3
实例3	直线	220	1.9
	L形		2.0

当扩展度为160～220mm时，流动坡度在2%左右，可以观测到流态固化土自然地流向坑道深处。在坑道有弯曲部分时，流动坡度没有变化。由此可见，当流动坡度为2%时，流态固化土不会受到坑道是否弯曲的影响。

结合上述坑道模型试验进行实际施工（坑道回填工程、地下综合管廊回填工程），并测得不同扩展度值下的流动梯度，其结果如图2.24所示。实际施工状况下，当扩展度值为200mm左右时，流动梯度为2%～5%。

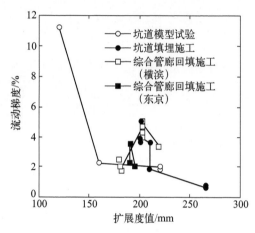

图 2.24　流动梯度与扩展度值的关系

当扩展度值小于200mm时，流动梯度开始逐渐增加，并且在扩展度值低于150mm时，流动坡度表现出急剧上升的趋势。

（3）坑道顶部的填充

图2.23中符号（■）的曲线表示顶部填充的完成高度，当顶部完全填充时高度为170cm。

采用直放方式（实例2，扩展度200mm）的填充情况如图2.23（b）所示。由图可见，填充高度从观测点No.3附近开始突然下降，无法填充到顶部。这可能是因为No.3附近有半圆形隔板ⓐ（参照图2.22），阻碍流态固化土流入隔板右侧。

使用管线填充方式、扩展度值为160mm（实例1）的填充状况如图2.23（a）所示。该试验从图2.22中出料口①开始，向左侧进行填充浇筑，并于24h后再次从出料口①进行填充浇筑。在最初的填充中，观测点No.9和No.10区间实现完全填充，但是流态固化土无法绕过No.9附近的半圆形隔板ⓒ填充左侧空间，导致No.7和No.8区间填充不足。在接下来的填充中，观测点No.1～No.6的区间可以实现完全填充，但No.7和No.8的区间（隔板6～0之间）仍未能充分填充。

使用管线填充方式、扩展度值为350mm（实例3）的填充状况如图2.23（c）和（d）所示。浇筑按照图2.22的①、④、⑤、③的出料口的顺序依次进行。此时，没有从出料口②进行浇筑，但观察到固化土填充至半圆形隔板b和c之间的部分。其结果是包括b和c之间的部分都已经几乎实现完全填充。同时，硬化后的流态固化土成品表面仅零星分布着极微小的空隙，目测确认填充十分充分。

　　根据此验证试验的结果，要填充硬化后的流态固化土和坑道顶部之间的空隙，只要通过设置管线，浇筑扩展度值约为350mm的流态固化土，就可以不受顶部凹凸不平的影响，实现完全填充。

2.2.3　扩展度值与可泵性

　　在城市施工中多使用泵送流态固化土，以往的施工中有在地铁道床回填时采用1000m长度泵送的案例，此时可使用外加剂来增加流动性。在综合管廊回填时也有长度400m左右的泵送案例。以下是流态固化土泵送试验的实例，确定了扩展度值和泵送压力的关系以及泵送距离、泵送压力的关系。试验概要如图2.25所示。在混凝土泵车上安装长度112.5m的管线，对混凝土和流态固化土进行加压泵送并测量压力。测量结束后，将管线从前端依次分离，再次对流态固化土进行加压泵送，并测量管线长度和泵送压力的关系。

　　混凝土和流态固化土的泵送压力如图2.26所示。混凝土的容重为21.0kN/m³，流态固化土的容重为15.8kN/m³，两者之比为4∶3左右。如图2.26所示的泵送压力比为5∶2左右，显示出流态固化土相比混凝土具有更高的泵送效率。

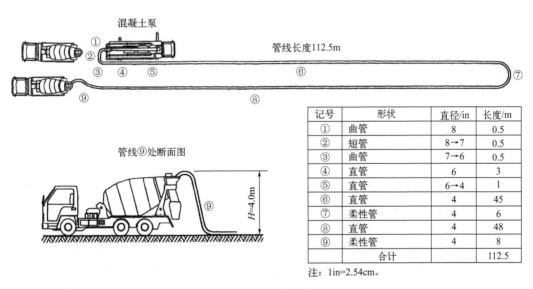

记号	形状	直径/in	长度/m
①	曲管	8	0.5
②	短管	8→7	0.5
③	曲管	7→6	0.5
④	直管	6	3
⑤	直管	6→4	1
⑥	直管	4	45
⑦	柔性管	4	6
⑧	直管	4	48
⑨	柔性管	4	8
		合计	112.5

注：1in=2.54cm。

图 2.25　试验概要

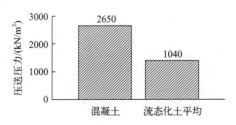

图 2.26　混凝土和流态固化土的泵送压力

图2.27和图2.28给出了扩展度值与泵送压力、泵送距离与泵送压力的关系。泵的最大压力为4000kN/m²，可以推测，使用扩展度160mm左右的流态固化土，用混凝土泵车可以实现200m以上的泵送距离。

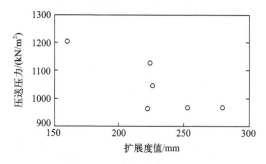

图 2.27　扩展度值与泵送压力的试验结果（泵送距离112.5m）

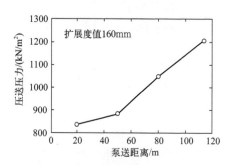

图 2.28　泵送距离和泵送压力试验结果（扩展度值160mm）

2.2.4　扩展度经时损失

流态固化土的凝固反应开始后拌和物黏性逐渐增加，流动性降低，因此，随着时间的推移，扩展度值会降低。凝固反应还与温度有关，扩展度值的降低在夏天比冬天要显著。

扩展度的经时损失是在运送流态固化土时需要注意的重要事项，有必要定量掌握其变化趋势。以下是在室内测得的流态固化土扩展度值经时损失的例子。

试验中使用的固化剂添加量为160kg（每立方米流态固化土），固化剂采用B类高炉矿渣水泥，其试验结果如图2.29所示。

试验结果显示，流态固化土在拌和完毕的30min后扩展度值开始降低，120min后可几乎达到自立状态。用搅拌车运送时，流态固化土处于缓慢搅拌状态。在使用搅拌车运送流态固化土进行综合管廊回填时，多次测量出厂时和浇筑时的扩展度值，其差值如图2.30所示。

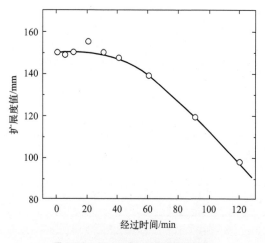

图 2.29　经过时间与扩展度值的关系

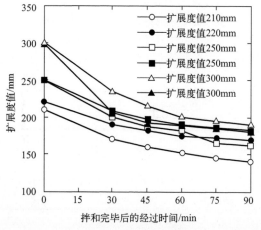

图 2.30　经过时间和扩展度值

可见，无论初始扩展度值多大，60min左右后扩展度变化趋于稳定，此后到3h左右不会发生较大变化。此外，比较拌和完毕时扩展度为300mm和210mm的流态固化土，可以发现300mm流态固化土的经时损失更为显著。

夏季和冬季扩展度值降低量如图2.31所示。夏季的扩展度值平均从260mm下降到180mm，约下降80mm，而冬季的扩展度值平均从230mm降至平均180mm，约下降50mm，可见夏季时扩展度经时损失会更显著。

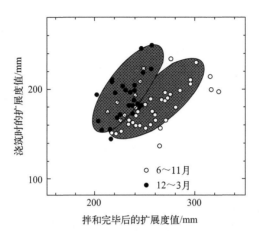

图2.31 夏季和冬季扩展度值降低量

2.3 泌水和材料离析

流态固化土的泌水率可归结于两种现象。

第一种是以尚未凝固的流态固化土表面随时间推移的泌水量为尺度，考量细粒在水中下沉与水分离的程度。如果从含有固化剂的泥浆中泌出大量的水，水泥成分就会从泥浆中溶脱出来。这种现象会导致固化过程发展迟缓，并由于流态固化土表面的水分蒸发干燥而在表层出现龟甲状裂缝。

第二种是泥浆中的砂子和砾石下沉，泥浆和粗粒土产生分离的趋势。砂子沉降后，浇筑的流态固化土会出现砂子少的部分和砂子多的部分，结果会产生固化土强度的离散以及胶结作用被破坏后剪胀效果的丧失，从而在固化后不能达到预期的强度均一。

2.3.1 水和泥土颗粒的离析

以下是对发生泌水时泥浆密度变化的试验结果。

试验中使用了如图2.32所示的长圆筒容器。长圆筒容器为外径6cm、内径5.2cm、长160cm的透明有机玻璃圆筒容器，每隔20cm有一个用于采集泥浆的龙头。经过一定时间后，从上往下每隔20cm从龙头中依次进行泥浆取样，并测量体积和质量，由此可以计算任意时间后竖直方向的泥浆密度。

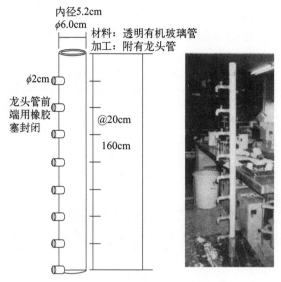

图2.32　测量密度变化用的长圆筒容器

试验采用高岭土，泥浆密度分为 ρ_s=1.1g/cm³、1.2g/cm³、1.3g/cm³ 三种。测量时间为1h、2h、3h。测得的随泌水产生的竖直方向密度变化结果如图2.33所示。横轴是（测量时密度－初始密度）/初始密度的比例（%），即密度变化率（%），纵轴是测量位置，从上到下依次排列。

如图2.33（a）所示是泥浆密度为1.1g/cm³的试验。观察1h后的密度变化（标记为○），泥浆表面发生较多泌水，测量点1的密度低于1.1g/cm³，而测量点2～7的密度没有变动，测量点8（最下部）密度增加。从变化模式可以推测泥浆中的土颗粒在水中发生沉降，从上到下逐次连环运动，并滞留在容器底部，与斯托克斯定律所描述的土颗粒沉降现象类似。另外，由于测量点7和8的间隔为20cm，可以推测泥土颗粒的沉降为每小时20cm左右。

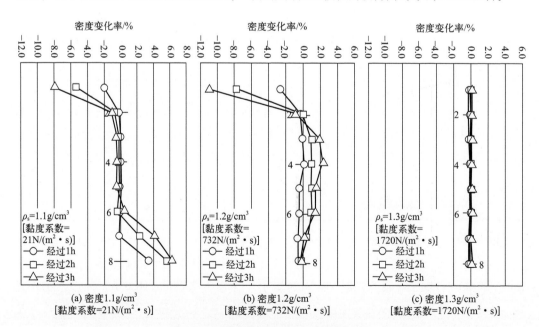

图2.33　长圆柱容器在竖直方向上的密度变化

观察2h后的密度变化（标记为□），测量点1的密度为1.04g/cm³，这个区间的泥浆几乎被水取代。另外，测量点6和7之间的密度增加，土颗粒发生堆积的位置向上移动，而测量点8的密度则增加到1.25g/cm³。这一趋势在3h后仍在持续。

如图2.33（b）所示，在泥浆密度为1.2g/cm³时，观察1h后的密度变动（标记为○），由于出现泌水现象，测量点1的密度降低到1.15g/cm³，但没有出现密度为1.1g/cm³的泥浆那样的连续密度变动情况。测量点4的密度有一定增加，但最下部测量点8的密度没有变化。

观察2h后的密度变化（标记为□），测量点1的密度进一步减小为1.10g/cm³，测量点2～6之间的密度均匀增加，最下部的测量点8密度没有变化，斯托克斯定律所描述的沉降模式始终没有发生。

如图2.33（c）所示是泥浆密度为1.3g/cm³的实例，经过1h、2h、3h后没有出现泌水现象，密度也没有发生变化。此时，土颗粒不会在水中下沉，可以推测所有土颗粒相互作用与自重达成平衡状态。

从图2.33（b）中在圆筒容器最上部测得的3h后泥浆密度，计算出泌水率为8%。虽然从表面上无法观察到，但其下方的密度也有所下降，水分比原来状态有所增加。也就是说，如果表面出现泌水，下部水分也会增加，导致泥浆性能不理想。即使只出现百分之几的泌水现象，也暗示着从表面到下部有细粒的沉降现象。较理想的状态如图2.33（c）所示，自重和黏性之间保持平衡状态，此时竖直方向上的密度不会发生变化。当表面观察到的泌水率小于1%时，表明其下部密度也不会发生变化。因此，如果允许泌水率发生2%～3%程度的离散，就意味着在竖直方向上允许流态固化土具有一定的性能偏差。

用同样的方法测定在泥浆中掺入水泥时的密度变化，结果如图2.34所示。

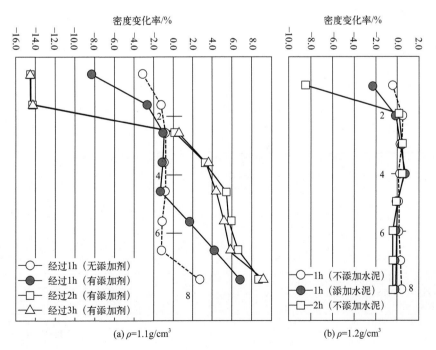

图2.34　泌水时深度方向的密度变化

图2.34中的○是1h后的密度变化，白色和灰色分别表示有无掺入水泥。对于密度为1.1g/cm³和1.2g/cm³的泥浆，掺入水泥的情况下（灰色●）两者均显示出表面泌水增大的趋势。此结果与图2.33中无掺入水泥的2h后的结果进行比较，也显示出掺入水泥时表面泌水率有大幅增加的趋势。

另外，密度为1.3g/cm³且泌水率小于1%的泥浆，即使掺入水泥，泌水率仍然会低于1%。

2.3.2 泥浆和粗粒土的离析

对泥浆中的粗粒土沉降，从黏性的角度进行试验，结果如下所示。在本试验中，将高岭土和水混合调整成一定密度的泥浆，进而掺入经过4.75mm筛分获得的河砂（即粗粒土），制备成混有粗粒土的泥浆（称为混合泥浆）。本试验的混合泥浆配合比是在三种密度（ρ_s分别为1.1g/cm³、1.2g/cm³、1.3g/cm³）的泥浆中加入河砂，从而获得三种密度的混合泥浆（ρ_t分别为1.4g/cm³、1.6g/cm³、1.8g/cm³）。沉降试验中使用了如图2.32所示的长圆筒容器。

如图2.35所示，以密度1.4g/cm³的混合泥浆为例，给出不同粒径土颗粒的沉降倾向试验结果。测量时间为拌和后10min，掺入的土颗粒分别为筛分获得粗粒砂（ϕ0.42～4.75mm）和细粒砂（ϕ0.075～0.42mm）。由图2.35可见，在黏度系数为21N/（m²·s）的泥浆中，细粒砂和粗粒砂都呈现出较大的沉降趋势，但当泥浆的黏度系数提高到252N/（m²·s）时，细粒的沉降量呈现出急剧下降的趋势。

另外，粗粒砂的沉降量比细粒砂大，特别是在黏度系数为252 N/（m²·s）时，10min后会有30%左右的粗粒砂发生沉降。当黏度系数为1590N/（m²·s）时，即使这种最大粒径为4.75mm的粗粒砂，其沉降量在测量点2～5处也不足5%，从而显著避免了粗粒土的沉降。

粗粒土的经时沉降如图2.36所示。与前述的密度比较相同，沉降量也根据长圆筒容器测量点1～3的平均值计算获得。在图2.36中，分别是向黏度系数为252N/（m²·s）和1590N/（m²·s）的泥浆中掺入粗粒土，制备成密度分别为1.4g/cm³和1.6g/cm³的混合泥浆。

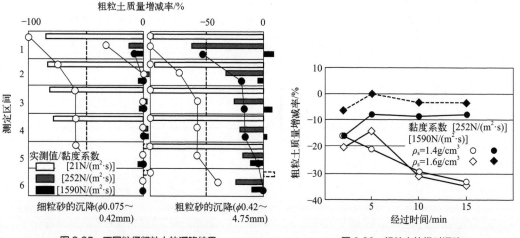

图2.35 不同粒径粗粒土的沉降结果　　　　图2.36 粗粒土的经时沉降

从图2.36中可以看出，黏度系数为259N/（m²·s）的增减率曲线随时间向负方向呈下降趋势，即沉降量随时间逐渐增大，且不受泥浆密度的影响。

黏度系数为1590N/（m²·s）时，增减率曲线向负方向下降的趋势明显减弱，即粗粒土的沉降量不受经时影响，基本保持不变，显示出这种泥浆可以显著抑制粗粒土的沉降。

2.4　透水性

当地下水位较高时，可能会影响到流态固化土的地下回填。这里给出了透水试验，以控制流态固化土的透水性。试验使用的流态固化土的配合比如表2.5所示。透水试验装置如图2.37所示，本试验设计了放射状透水模式，以彻底避免试验装置与流态固化土之间界面的漏水。

图2.38给出了湿密度与透水系数的相关性试验结果，由图可见：

① 流态固化土的透水系数在$10^{-7} \sim 10^{-5}$cm/s之间，具备相当低的透水性；

② 随着孔隙比的增大，透水系数也呈现一定程度增加的趋势，但仍然在10^{-5}cm/s以下。

根据透水试验获得的流态固化土透水性，可以认为连续回填的流态固化土在一定程度上能起到防水效果。

此外，由于流态固化土实质上的不透水性，可以认为水分渗透造成的流态固化土内部的钙离子等的溶出也非常少。

表2.5　试验中使用的流态固化土的配合比

室内试验配合比

泥浆 W_d		泥浆密度 ρ_t/(g/cm³)	工程渣土 W_s/kg	混合比 P	流态固化土密度 ρ_t/(g/cm³)	处理方法
黏土/kg	水/kg					
175.9	329.3	1.150	1262.9	0.40	1.865	调整泥浆
120.1	374.9	1.100	1237.5	0.40	1.829	
61.5	422.7	1.050	1210.7	0.40	1.792	
147.1	183.6	1.200	1653.2	0.20	2.081	
229.0	285.9	1.200	1287.3	0.40	1.899	
344.1	429.5	1.200	773.5	1.00	1.644	
492.6	614.8	1.200	110.7	10.0	1.315	
517.4	645.7	1.200	—	—	1.260	泥浆单体

现场试验配合比

泥浆 W_d		泥浆密度 ρ_t/(g/cm³)	工程渣土 W_s/kg	混合比 P	流态固化土密度 ρ_t/(g/cm³)	处理方法
黏土/kg	水/kg					
234.9	303.9	1.250	1197.4	0.45	1.833	调整泥浆
205.4	305.6	1.225	1022.0	0.50	1.630	
1377.0	220.6	1.650	—	—	1.694	泥浆单体
964.1	449.4	1.460	—	—	1.518	
808.6	508.1	1.360	—	—	1.414	

注：$P=W_d/W_s$，式中，W_d为泥浆的重量；W_s为工程弃土的重量。

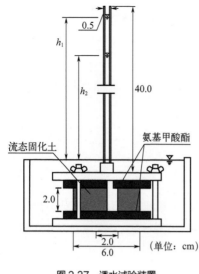

图 2.37　透水试验装置

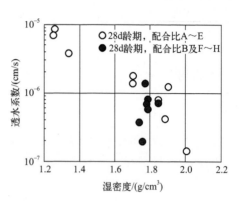

图 2.38　湿密度和透水系数

2.5　体积收缩

体积收缩分为短期收缩和长期收缩。短期收缩可以通过充分控制泌水率，并将固化剂均匀搅拌进行控制。另外，长期收缩会受到流态固化土的孔隙量及周边地下水位等环境的影响。

如图2.39所示是在大型模具中的流态固化土浇筑实例，以研究浇筑后的体积收缩。用于试验的流态固化土配合比如表2.6所示，性能控制试验测得的流态固化土泌水率小于1%。

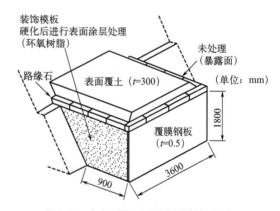

图 2.39　在大型模具中的流态固化土浇筑实例

模具的前表面采用覆膜钢板，侧面采用装饰模板，并在脱模后进行表面涂层处理，上表面覆土。流态固化土浇筑一周后对土体结构进行脱模。体积收缩监测点位置如图2.40所示，通过水准测量获得下沉量，应变则用应变计测量，监测时间持续到浇筑后6周。

监测结果如表2.7所示，虽然监测期间水泥水化反应正在进行中，但只有极其微小的体积变化。此外，浇筑3年后土体结构未发现裂缝等异变，保持稳定状态。

在地下进行流态固化土回填时，周边通常为湿润环境，由于干燥引起的流态固化土长期体积收缩几乎可以忽略。但是，在流态固化土暴露于空气中的条件下，也有可能发生干燥收缩。因此，以下以埋设管回填试验（参照"2.2.1 扩展度值和填充性"）中的试件为例，将其长期置于室内空气环境，观测其状态变化。

表2.6 用于试验的流态固化土配合比

渣土	泥浆密度/（kg/m³）	泥浆/kg	渣土/kg			固化剂/（kg/m³）	泥浆混合比P
			壤土	山砂	石砾		
山砂	154	424	—	1464	—	100	56.9

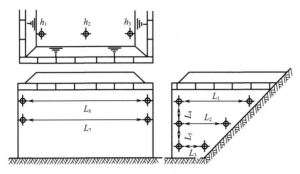

图2.40 体积收缩测量点位置

表2.7 监测结果

项目	测量点	浇筑后1周	浇筑后2周	浇筑后3周	浇筑后4周	浇筑后6周
下沉量/mm	h_1	0	−3	−3	−3	−3
	h_2	0	−2	−1	−2	−2
	h_3	1	−2	−1	−2	−2
应变/mm	L_1	0	1	−5	0	0
	L_2	0	0	3	−1	−1
	L_3	1	0	1	0	0
	L_4	1	1	2	1	1
	L_5	0	1	0	2	2
	L_6	0	2	1	5	—
	L_7	0	1	0	1	1

　　3年后土体结构如图2.18和图2.19所示。如图2.18所示是以关东壤土为原料土的流态固化土，如图2.19所示是以关东壤土和风化山砂为原料土的流态固化土。使用关东壤土的流态固化土表面出现很大的裂缝，而使用一部分风化山砂的流态固化土，虽然也发现多处小裂缝，但没有出现大的劣化现象。

　　如图2.41所示为流态固化土的孔隙比。实例1为主要使用关东壤土的流态固化土，实例2为主要使用风化山砂的流态固化土。固化后的流态固化土，其饱和度高达96%～99%，孔隙中的空气含量很少。因此可以认为流态固化土的长期裂缝是由于孔隙中的水分干燥丧失造成的。以关东壤土这类黏土为主体的流态固化土（实例1）的孔隙比为3.26，较大的孔隙比导致了较大的水分丧失量，因此产生很大的体积收缩。另外，以风化山砂为主体的流态固化土（实例2）的孔隙比仅为0.86，因此即使暴露在空气中水分丧失量也很小，从而使得体积收缩也极其微小。

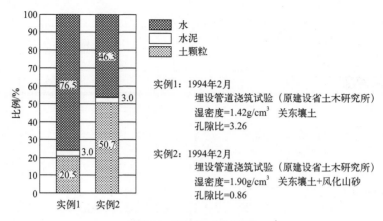

图 2.41 流态固化土的孔隙比

2.6 流态固化土对周边地基的影响

由于流态固化土中添加了水泥基固化剂，因此当其接触地下水时，流态固化土内部的钙离子有可能溶出并扩散到周围的地基中。

关于土壤的碱化问题，一般认为，在黏土地基中溶出的离子会被黏土通过离子吸附所吸收，因此不会对周边地基造成影响。但砂质地基的离子吸附能力较弱，可能会对周边地基造成影响。

另外，如前所述，由于流态固化土的抗渗性较好，因此地下水向流态固化土中的渗透量很少。对于含有较多溶出钙离子从而pH值较高的地下水，其大部分水只是在流态固化土表面流过。

以下是对流态固化土及其周边地基pH值的一系列调查。

2.6.1 砂质地基流态固化土回填施工的周边调查

本工程对开采硅砂后的地层进行流态固化土回填。此后，对其周边地下水的pH值进行持续调查。

此废弃开采坑的一部分已经用泡沫轻质土回填。为了调查其影响，在施工前对坑内的积水进行调查。其北侧地基较高，地下水向南侧流动。此外，在坑北侧的端部确认有水涌出，即北侧地基有地下水持续输入，涌出水的pH值在6.8左右。而在泡沫轻质土回填区域周边的pH值在9.0以上，可以确定有钙离子溶出的现象。

以此前期调查为基础，首先pH值较高的积水周围按照一定间隔挖出深约50cm的简易孔洞，对渗入其中的水进行了pH值测定。结果显示，距离pH值为9.0的积水处1.7m的孔洞中pH值为8.5，距离3.5m的孔洞为pH值为7.0。因此，可以确认该砂质地基周围发生碱性化的范围在3～4m的有限区域内。

另外，在作为回填对象的废弃坑周边设置了3个简易的地下水监测井，从施工开始到施工结束后3个月对pH值进行了监测。在考虑地基透水系数的基础上，设定了足够长的监测期间以确保足量的地下水接触流态固化土回填部分并流入监测井。其结果如图 2.42 所示，地下水的 pH 值处于中性状态几乎没有变动，可以确认回填对周边地基没有造成影响。

2.6.2 综合管廊回填引起的周边地下水 pH 值变化

本工程对综合管廊侧部进行流态固化土回填，并设置了监测井对地下水 pH 值经时变化进行监测。流态固化土回填总长为 510m，在该区间的综合管廊两侧各设置 5 个监测井（共计 10 个）。综合管廊和监测井的位置关系如图 2.43 所示。地基从地表到约 3m 深处为粉土，更深处为冲积黏土层，用钢板桩进行支护。

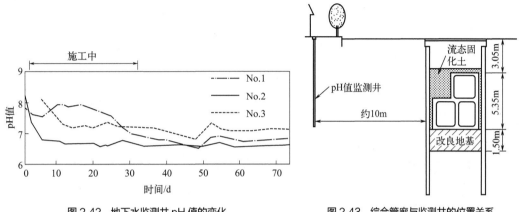

图 2.42　地下水监测井 pH 值的变化　　　　　图 2.43　综合管廊与监测井的位置关系

地下水监测井 pH 值的变化如图 2.44 所示，从施工开始前到开工后的地下水 pH 值为 7.0 左右，并在 5.8 ～ 8.6 环境标准值范围内变动。

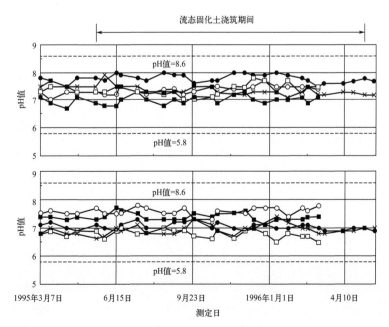

图 2.44　地下水监测井 pH 值的变化

2.6.3 测试井的 pH 值测定

本案例利用室外测试井调查流态固化土回填对周边地基pH值的影响。如图2.45所示为流态固化土回填试验设备配置，在测试坑（长3m×宽3m×深1.2m）内设置监测孔后，用风化山砂进行回填。放置一个月后，开挖中央部分并浇筑流态固化土。对该测试井进行长期监测，以确认降雨引起的流态固化土中钙离子溶出对周边地基的影响。

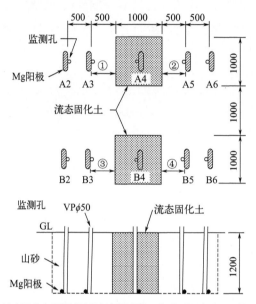

图 2.45 流态固化土回填试验设备配置（①~④ 为附近土层 pH 值测定位置）

监测孔底内的土壤pH值变化如图2.46所示。

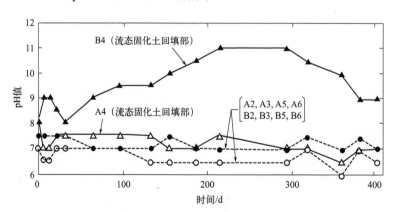

图 2.46 监测孔内的土壤 pH 值变化（流态固化土初期 pH 值 = 11.4）

B4点的取样土中混入了流态固化土，因此pH值较高，但其他监测孔包括流态固化土底部在内，pH值均未上升，未发现碱性化现象。

另外，回填1年后，对流态固化土两侧进行挖掘，确认了从侧面表层沿水平方向50cm的pH值分布，结果如表2.8所示。流态固化土表面在经过1年后仍显示出较高的pH值，但其他部分pH值几乎没有上升。

表2.8 流态固化土周边土壤的pH值

测定位置			与流动化回填土表面的距离*								经过时间/d
No.	方向	深度	0cm	1cm	5cm	10cm	20cm	30cm	40cm	50cm	
①	A4⇨A3	0.6m	9.0	7.5	7.0	7.0	7.5	7.0	7.0	7.0	361
		1.0m	10.5	7.5	7.0	7.0	7.0	7.0	7.0	7.0	
②	A4⇨A5	0.3m	11.5	7.5	7.5	7.5	7.0	7.0	7.0	7.0	293
		0.6m	11.3	7.5	7.5	7.0	7.0	7.0	7.0	7.0	
③	B4⇨B3	0.6m	11.0	7.5	7.0	7.0	7.0	7.0	7.0	7.0	382
		1.0m	11.0	7.5	7.0	7.0	7.0	7.0	7.0	7.0	
④	B4⇨B5	0.6m	11.0	7.5	7.5	7.5	7.0	7.0	7.0	7.0	319
		1.0m	11.0	7.5	7.0	7.0	7.0	7.0	7.0	7.0	

注：0cm为流态固化土表层，1cm为几乎与该表层接触的风化山砂。

2.7　作用于埋设管等的浮力

在对埋设管线或地下埋设物进行流态固化土回填时，有可能因浮力引起上浮。这里给出的是足尺模型试验，用于测量因流态固化土完全回填而产生和作用于埋设管的浮力。

浮力测量试验装置如图2.47所示，埋设管线以5排×6层的形式布置，使用密度和流动性各不相同的三种流态固化土回填，其配合比如表2.2所示。流态固化土由生产工厂生产，用料斗进行放入回填，在浇筑过程中，利用压力传感器逐次测量装置重量的增加以及作用于埋设管的浮力。

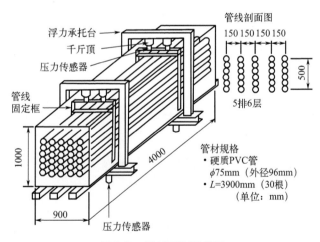

图2.47 浮力测量试验装置

图2.48给出了浮力测量结果。理论浮力是根据流态固化土的密度、管体容积和管体重量所求出的理论最大值。

本试验的结果总结如下：

① 当回填量约相当于管体总体积的30%时，尚不产生明显的浮力作用；

② 当使用较低流动性的流态固化土进行回填时（扩展度约115mm），实际作用于管线

的浮力远低于理论浮力；

③ 当使用具有一般流动性的流态固化土进行回填时（扩展度值约为160mm），实际作用于管线的浮力与理论浮力基本相等，但实测浮力在浇筑完成后迅速下降。

综上所述，对埋设管道及埋设物进行流态固化土回填时，需要采取措施控制上浮。最简单的措施是在施工流程上做好规划，避免一次性回填。如果想在短时间内完成回填，就需要一次性浇筑流动性高的流态固化土，在这种情况下，最好制定相应措施，如预先用绑带等对埋设物进行固定。

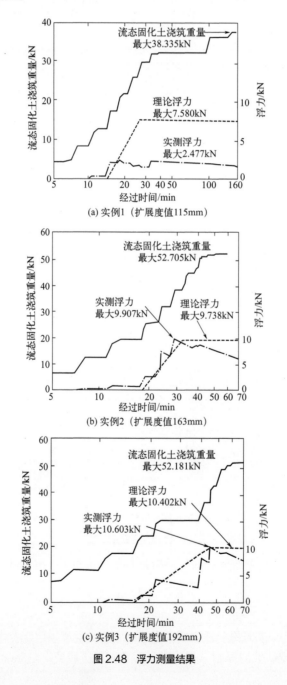

图 2.48　浮力测量结果

2.8　温度特性

由于流态固化土要掺入水泥基固化剂，固化剂水化反应时温度会上升，因此大量回填、填充流态固化土时，需要考虑水化温升的影响。另外，在寒冷地区浇筑流态固化土时，为了维持水化反应，需要考虑到气温可能引起流态固化土温度降低从而需要调整浇筑厚度。在这种情况下，一般通过热传导分析预测温度变化。以下给出的试验结果，其目的是获得热传导分析所必需的流态固化土的热力学特性。

采用与混凝土温度相关性能的相同测试方法，测得流态固化土的热导率和热扩散系数。

图2.49给出了绝热温升试验结果，表示为绝热温升终值与固化剂掺入量及浇筑温度之间的关系。图2.49中的系数如以下的绝热温升近似公式所示。

$$Q(t) = Q_{\max}\left(1 - \mathrm{Exp}\left\{-rt_\mathrm{s}\right\}\right)$$

式中，$Q_{\max}$ 是与绝热温升终值，℃；t 是经过时间；r 和 s 是与温升速率相关的系数。

从图2.49可知，砂土系（在砂质土中加入调整泥浆制备）的流态固化土和黏土系（使用黏土制备）的流态固化土的温升趋势是不同的。可以看出固化剂添加量和浇筑温度是主要的影响因素，每增加10kg/m³的固化剂掺入量时，砂土系流态固化土的绝热温升终值增量为1.0℃，黏土系流态固化土的相应值为0.7℃左右。

图2.50给出了热导率测量结果，图中ρ=0.29为泥浆混合比，C表示水泥添加量（kg/m³），T为浇筑温度（℃）。由图2.50可知，流态固化土的热导率受固化剂掺入量和浇筑温度的影响并不明显。另外，砂土系流态固化土的热导率范围为0.4～0.6kcal/（m·h·℃），黏土系流态固化土则为0.2kcal/（m·h·℃）左右（1kcal＝4.18kJ，下同）。

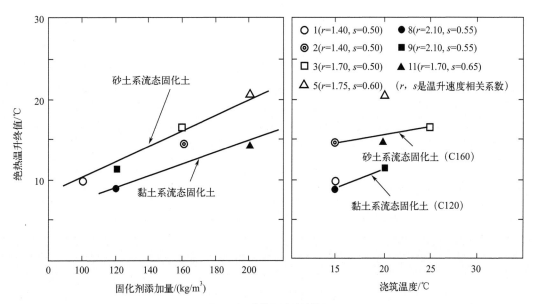

图2.49　绝热温升试验结果

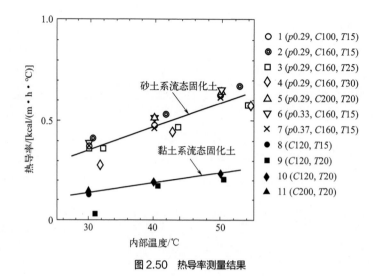

图 2.50　热导率测量结果

一般来说，土的热导率为 0.5kcal/（m·h·℃），混凝土为 0.5 ～ 0.6kcal/（m·h·℃），砂土系流态固化土的热导率与上述两者基本相同，而黏土系流态固化土的热导率则比土和混凝土要低。

表 2.9 给出了热扩散系数测量结果，可以看出，固化剂添加量和浇筑温度对热扩散系数影响不大。砂土系流态固化土的热扩散系数为 $140 \sim 190 \times 10^{-5}$ m²/h，而黏土系流态固化土的相应值则为 70×10^{-5} m²/h 左右，与混凝土的热扩散系数 444×10^{-5} m²/h 相比较低。

表2.9　热扩散系数测量结果

流态固化土的种类	泥浆密度 /（g/cm³）	泥浆混合比	固化剂添加量 /（kg/m³）	浇筑温度/℃	热扩散系数 /（×10⁻⁵m²/h）
砂土系（砂土＋调整泥浆）	1.11	0.29	100	20	190
			160	15	143
			160	25	140
			160	30	182
			200	20	180
		0.33	160	15	178
		0.37	160	15	165
黏土系	1.30	—	120	15	66
			120	20	65
			160	20	69
			200	20	67

设计

3.1 设计流程

以"地下结构回填"和"地下空洞填充"为例，流态固化土的设计流程如下所示。

首先，配合比设计需要考虑所需的施工条件，包括"形状""施工条件（输送、浇筑）""荷载条件"和"使用开始时间"等。然后，根据上述条件，设定所需流态固化土的性能要求，如流动性、强度、强度发展龄期等。最后，通过实验室试验确定满足所需性能的配合比。设计流程如图3.1所示。

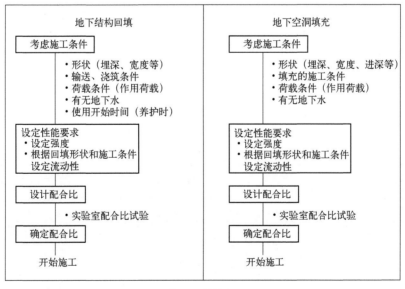

图 3.1 设计流程

3.2 施工条件讨论

首先，作为主材（原料土）的工程渣土（包括建筑污泥），其土壤特性是最重要的施工条件。这就决定了配合比试验的次数，以及是仅采用渣土来制备泥状土，还是通过调整泥浆和砂质土混合比例来制备泥状土的方案选择。如工程渣土种类有限，可能会限制生产出的流态固化土的湿密度。

其次，流态固化土的生产场地与回填现场的距离及回填量也是重要的施工条件。工程渣土和回填现场的距离较近对施工有利，但在都市地区很难确保有足够的场地。同时，回填量也与生产工厂的运营能力有关，大量回填需要规模较大的生产场地。"第4章施工"中介绍了适于各种条件的施工方法。

此外，施工条件中还应考虑回填对象的形状和输送距离等因素，这些也决定了所需要的流态固化土的性能，如表3.1所示。

关于荷载条件，如在流态固化土上存在荷载时，则需要考虑自重荷载及其上方的外加荷载。当流态固化土被用于土工结构的一部分（如填方土），则会产生剪切应力，需要将其考虑为内部荷载；如被用于竖井回填，则需要考虑在撤出除水平支撑后产生的拉应力。因此，要事先考虑施加在回填的流态固化土上的荷载。

表3.1　设定工程条件

工程条件	研究内容	备注
原料土（主材料）	确定①或②的选择以及配合比设计方针	①泥状土+固化材料 ②调整泥浆+渣土+固化材料
输送	确定输送时的流量值降低量	2.2.4扩展度经时损失
浇筑	直放浇筑或泵压输送性	2.2.2扩展度值与流动梯度 2.2.3扩展度值与可泵性
形状	封闭断面填充的流动性和强度，隔板的设置	
填充	顶部填充要求的流动性、排气条件和成型确认	
供用开始时间	当日恢复的强度发展，分层浇筑的工序和强度发展	1.3术语描述 2.1.1单轴抗压强度和时间
有无地下水	水下浇筑的黏聚性评价，换水作业，施工方法	采用水下抗分散剂，导管法施工

3.3　设定性能要求

不同用途的流态固化土的性能要求（方案）如表3.2所示。对于用于回填、衬砌、填充等的流态固化土，其性能采用强度、密度、流动性、泌水率（材料抗离析性）等指标来评价。在设定性能要求时，还应充分考虑施工条件和填筑部位的重要性等。以下是性能要求的设计流程。

表3.2 不同用途的流态固化土的性能要求（方案）

用途	适用对象	性能项目	性能规定
地下结构的回填	地下管廊 建筑的地下部分 地下停车场 地铁站 地铁开挖 隧道开挖 箱涵等	扩展度（流动性）	110mm以上（浇筑时）
		泌水率（材料抗离析性）	小于1%
		固化土的湿密度	1.5g/cm³以上
		单轴抗压强度	300kN/m²以上（但当密度大于1.60g/cm³时，应大于100kN/m²）
土木构筑物的背面	挡土墙，桥台	扩展度（流动性）	110mm以上（浇筑时）
		泌水率（材料抗离析性）	小于1%
		固化土的湿密度	1.6g/cm³
		单轴抗压强度	100kN/m²以上
地下空间的填充（封闭）	废坑和坑道的填充	扩展度（流动性）	200mm以上（浇筑时）
		泌水率（材料抗离析性）	小于3%
		固化土的湿密度	1.4g/cm³以上
		单轴抗压强度	300kN/m²以上（但当密度大于1.60g/cm³时，应大于100kN/m²）
小规模空洞的填充	路面下空洞，构造物背面的空洞，废管内部等	扩展度（流动性）	200mm以上（浇筑时）
		泌水率（材料抗离析性）	小于3%
		固化土的湿密度	1.4g/cm³以上
		单轴抗压强度	300kN/m²以上（但在无外力作用下，应大于100kN/m²）
埋设管道的回填	煤气管，上下水管道等	最大粒径	管周围13mm以下
		扩展度（流动性）	140mm以上（浇筑时）
		泌水率（材料抗离析性）	小于3%
		固化土的湿密度	1.40g/cm³以上
		单轴抗压强度（当日恢复）	（行车道下部）开放交通时130kN/m²以上28d后200～600kN/m²（步道下）开放交通时50kN/m²以上28d后200～600kN/m²
埋设管道的防护	煤气管，上下水管道等	扩展度（流动性）	110mm以上（浇筑时）
		泌水率（材料抗离析性）	小于1%
		固化土的湿密度	1.4g/cm³以上
		单轴抗压强度	300kN/m²以上（但当密度大于1.60g/cm³时，应大于100kN/m²）
基础周边的回填	桥墩基础，桩基础周边部分等	扩展度（流动性）	110mm以上（浇筑时）
		泌水率（材料抗离析性）	小于1%
		固化土的湿密度	1.6g/cm³以上
		单轴抗压强度	100kN/m²以上

续表

用途	适用对象	性能项目	性能规定
大口径埋设管的回填		扩展度（流动性）	110mm 以上（浇筑时）
		渗透率（材料分离性）	小于1%
		固化土的湿密度	1.6g/cm³ 以上
		单轴抗压强度	200kN/m² 以上
建筑物的基础部分	混凝土垫层的替代	扩展度（流动性）	110mm 以上（浇筑时）
		泌水率（材料抗分散）	小于1%
		固化土的湿密度	1.8g/cm³ 以上
		单轴抗压强度	必要强度的3倍以上
水中构造物的回填	水中填土，护岸和挡土墙的背面部分	扩展度（流动性）	110mm 以上（浇筑时）
		泌水率（材料抗离析性）	小于1%
		固化土的湿密度	1.4 g/cm³ 以上
		单轴抗压强度	400 kN/m² 以上（采用不透水化处理时应大于200kN/m²）
隧道道板下部	地铁隧道的道板下方（承受列车荷载时）	扩展度（流动性）	110mm 以上（浇筑时）
		泌水率（材料抗离析性）	小于1%
		固化土的湿密度	1.6g/cm³ 以上
		单轴抗压强度	6000kN/m² 以上

注：1. 如必须利用现场渣土，但无法通过配合比设计达到性能要求的湿密度时，则在现场渣土满足性能要求的流动性等条件下，以其所能达到的最大湿密度为设计值。

2. 作为主材料的工程渣土（包括建筑污泥）可以使用除污染土以外的施工现场产生的任何土。但从经济角度考虑，回收利用低品质的工程渣土（第3类、第4类）和泥土（包括建筑污泥）较为有利。渣土的最大粒径为40mm，但从材料抗离析的角度考虑，需要加入调整泥浆。

3. 当需要二次开挖时，应控制固化土的强度增长，使单轴抗压强度小于600kN /m²，即使最大也不应超过800kN /m²。

4. 如流态固化土直接接触海水或池塘水时，应考虑提高渗透系数或使用外加剂来提高其憎水性。

5. 扩展度为110 ~ 140mm时，流动坡度较大，在施工时需要考虑施加振捣等。

6. 在设定上述性能要求时，还应充分考虑施工条件及回填部位的重要性等。

3.3.1 设定强度

流态固化土的强度通常以28d龄期时的单轴抗压强度为准，主要受固化剂掺量和细粒土含量的影响。当用于道路路基部分等场合时也可采取CBR法进行评价。此时，应当进行CBR试验，但也可以根据单轴抗压强度和CBR之间的关系，从单轴抗压强度推断CBR值（图2.6和图2.7）。

流态固化土的强度可以根据其用途，通过改变固化剂掺量来调整。这里介绍流态固化土最常见的用途，即作为回填材料时的强度设定。在设定回填材料的强度时，应考虑以下因素。

（1）流态固化土在自重或负载下不能发生破坏或压缩下沉

流态固化土的强度必须大于竖向土压，以防止流态固化土在自重或负载下发生破坏或压缩下沉。例如，将单位体积重量密度为16kN/m³的流态固化土回填到10m高度时，在水平方向位移受限的条件下，最大约有160kN/m²的竖向土压作用于流态固化土。此时，偏差应力约为竖向土压的50%。将该值与单轴抗压强度进行比较，如单轴抗压强度大于偏差应力，那么可以认为不会发生破坏和压缩。

（2）满足作为路基和道路土基的强度要求

用于路基部分时，必须满足规定的CBR。此时应进行CBR试验。用于道路土基时，应确保其强度不低于或高于周围土体强度。

（3）重新开挖

用于管道埋设等场合时，有可能日后需要重新开挖，应注意强度不宜过大而导致难以挖掘。固化土单轴抗压强度在500～1000kN/m²之间易于铲斗机开挖。

（4）合理传递荷载

用于回填和填充的流态固化土在结构和岩土之间起到相互传递荷载的作用，因此，其强度应确保和岩土相当。

3.3.2 设定流动性

流态固化土的流动性通常根据日本道路团体标准《发泡砂浆及发泡水泥浆的测试方法》（JHS A 313）进行评价。

对于回填和空洞填充时的流动性指标，考虑到泵送性和施工性，扩展度多定在140mm以上。不过，在现场使用料斗等进行直接浇筑或者当浇筑部分的形状并不狭窄复杂的情况下，并不需要很高的流动性，使用较低扩展度的固化土也可以完成施工。另外，对于坑道回填等场合，在使用通常流动性的固化土进行回填后，需要对回填残留的狭小缝隙等进行最终填充时，可使用扩展度300mm以上的固化土进行泵送回填，可以获得非常好的填充性能。

有关流态固化土的扩展度和流动坡度的关系，可参照第2章中的图2.24和表2.4。关于扩展度和泵送压力的关系可参照图2.27。关于泵送距离和压力的关系可参照图2.28。

另外，在流态固化土生产到浇筑的过程，随时间推移会发生流动性的损失，因此在设定扩展度时应考虑流动性经时损失。

3.3.3 泌水率（材料抗离析性）

根据泌水率来判断流态固化土中的砂土和固化剂是否发生分离。通常根据土木学会标准《预制混凝土灌浆浆料的渗透率和膨胀率测试方法（塑料袋法）》（JSCE-F522）来测定泌水率。试验表明，泌水率小于1%可以抑制泥浆中的砂粒沉降，因此泌水率的目标值通常设定为小于1%。

3.3.4　设定湿密度

当流态固化土用于回填时，应遵循土工作业的基本思路，即"通过充分压实优质土以减小土颗粒间隙使其变得致密，从而获得将来沉降量较小的稳定土工结构"。与"以物理稳定性抵抗各种外力"的优质土不同，流态固化土是通过固化强度获得的化学稳定性来抵抗荷载。以化学稳定代替物理稳定来确保结构性能，但现阶段尚未充分确认长期稳定性，因此建议采取一定的方法或措施确保其性能。

另外，试验证实，密实的流态固化土在受到剪切破坏时表现出高于固化强度的剪切抗力，而且失效应变较大，变形特性得到改善，这样的密度效果使其具有较高的安全性。因此在设定密度时应考虑以下几点。

① 将来的压缩沉降

作为短期内的措施，可以通过提高固化强度来避免因荷载产生的沉降。但长期来看，强度也可能会由于某种原因劣化。

当用于重要结构物的回填时，为了保证长期的稳定性，应采用孔隙比为1.5以下（换算成密度约为$1.6g/cm^3$以上）的流态固化土，以获得剪切破坏下较好的强度与变形特性。

② 结构设计中所设想的土质常数（适用于结构回填时）

用于回填时，要求具有与周边地基同等的强度-变形特性。特别是，在结构物设计中使用的周围地基的地基反力系数需要得到保证。

③ 适用用途

用于荷载较小部位的回填时，即使在长期服役中发生劣化，其稳定性也有富余，因此只考虑化学稳定性即可。

此外，密度不仅影响压缩和剪切强度，还与耐久性、透水系数和热传导率有关，可通过干湿循环试验、透水试验以及用于地下电力电缆周围回填的土壤热阻系数试验（G值或热阻值）确定。

3.4　配合比试验及确定配合比

3.4.1　配合比试验

设定性能要求后，可通过配合比试验来确定满足性能要求的主材（原料土）、固化剂和水的用量，以及调整湿密度所需的粗粒土添加比例。流态固化土的配合比试验流程如图3.2所示。

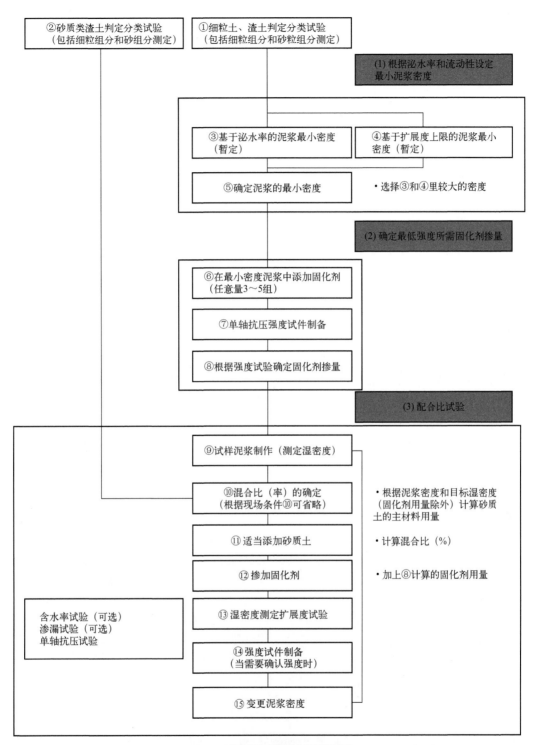

图3.2 流态固化土的配合比试验流程

第1阶段：确定泥浆的最小湿密度以满足泌水率要求。所确定的泥浆最小湿密度决定了保证泌水性能的配合比。此时，泥浆的最小湿密度也可根据流动性的上限值来确定。

第2阶段：确定固化剂掺量以确保最小湿密度的泥浆所需的固化强度。使用最小湿密度下的泥浆，以固化剂掺量为参数制备多组试件，并进行单轴抗压试验。根据单轴抗压强度与固化剂掺量的关系，确定满足所需强度需要的固化剂掺量。

第3阶段：以含有固化剂的流态固化土的湿密度为参数，确定单轴抗压强度（固化强度）与湿密度的关系。首先向主材（原料土）中加入少量的水，使其处于流动状态。如最小扩展度已确定，则加水调整流动性直至达到该状态。然后在此泥浆中加入固化剂，作为样本泥浆。

这种状态下的泥浆含水量少且密实，往往超过了流态固化土所需要的湿密度。当使用密度约为 1.3g/cm³ 的泥浆时，计算粗粒土混合比（率）以确定需要添加的粗粒土量，并酌情添加粗粒土。之后实施如图3.2所示的一系列配合比试验。由于以泥浆的湿密度为参数，因此要酌情向样本泥浆中加水并重复试验操作。

3.4.2　确定配合比

通过绘制配合比设计基准图确定所需配合比。以图3.3为例，根据冲积黏土的配合比试验结果绘制配合比设计基准图。

性能要求往往指定了扩展度和单轴抗压强度的上下限。将指定的上限值和下限值标记于配合比设计基准图的纵轴，确定各自对应的泥浆湿密度的范围，并取两者之间的叠加部分。

以添加100kg固化剂为例，确定配合比的流程如下所示。

首先，根据现场的性能要求，将浇筑时的扩展度设置为 150～250mm，7d龄期的单轴抗压强度设置为 150～300kN/m²，并将其对应的范围绘制于配合设计基准图。可以看到，扩展度为 150～250mm 时，泥浆的湿密度为 1.595～1.52g/cm³；单轴抗压强度为 150～300kN/m² 时，泥浆的湿密度为 1.49～1.57g/cm³。以所示范围的中心值作为固化土的目标配合比，从而确定主材（原料土）、水及固化剂的掺量。在生产阶段，如果湿密度落在 1.52～1.57g/cm³ 范围内，就能确保固化土的性能要求。

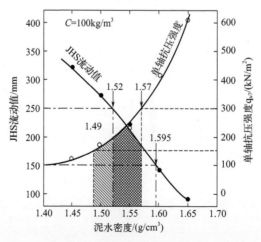

图 3.3　配合比设计基准图（泥浆混合率 100% 的场合）

此外，如采用泌水率代替扩展度，则以泌水率及单轴抗压强度为纵轴、湿密度为横轴来确定满足要求的范围。

3.5　考虑与强度相关的安全系数

下面以作为回填材料的情况为例，介绍如何考虑与强度相关的安全系数。

在地基改良工程中，地基土特性存在很大的波动风险，但由于流态固化土的原材料在堆场中就能掌握其大致的土壤特性，所以波动风险相对较小。根据不同用途的性能要求，将回填材料所需的最低强度 f_c 先乘以一个系数，提高大约百分之几十，然后将其近似取整得到设计基准强度 F_c。根据以往的强度性能变动率，一般可近似取整到 $100kN/m^2$，但如果能够实现精细的性能管控，也可以取到 $50kN/m^2$。

下面以回填到地下 10m 的流态固化土为例，计算其设计基准强度 F_c。假设其为静止土压的条件，流动固化土受到竖直方向上的竖向土压（$\sigma_v = \gamma_t z$）和水平方向上的静止土压（$K_0 \sigma_v$）作用。此时，假设静止土压系数为 0.5，则平均压缩应力 σ_p 如下式。

$$\sigma_p = f_c = \frac{\gamma_t z + 2K_0\gamma_t z}{3} = \frac{16 \times 10 + 2 \times 0.5 \times 16 \times 10}{3} = 107\left(kN/m^2\right)$$

式中，σ_p 为该荷载条件下所需的最低强度 f_c。根据公式（2.5），对应的流态固化土的体积抗压强度 σ'_c 如下所示。

$$f_c > \sigma_p = 107\left(kN/m^2\right) = \sigma'_c = 0.9 \times q_{u28} = 0.9 \times 119\left(kN/m^2\right)$$

因此，所需单轴抗压强度为 $119 kN/m^2$，近似取整得到设计基准强度为 $150 kN/m^2$。本例中，增量系数约为 25%。

将设计基准强度 $150 kN/m^2$ 代入式（2.5），得到体积抗压强度为 $135 kN/m^2$，即平均压缩应力（$107 kN/m^2$）＜体积抗压强度（$135 kN/m^2$）

因此 $150 kN/m^2$ 的设计基准强度足以确保安全性。剪切应力和剪切强度之间可以建立类似的关系来确保安全性，即通过增量系数来设定设计标准强度以确保安全。

另外，根据流态固化土的配合比设计方法和生产管控基准值，所生产的固化土的强度会偏于安全。也就是说，如图 3.3 所示的配合设计基准图和配合比确定流程，通过确定同时满足单轴抗压强度和扩展度要求的泥浆密度范围来确定固化土的配合比（确定拌和物密度），并取其中心值用于标准配合比。基于这种方法，如图 3.3 所示，流态固化土的强度范围为 $150 \sim 300 kN/m^2$，而设计基准强度 F_c 为 $150 kN/m^2$，因为取固化土拌和物密度范围内的中心值而进行生产管控，因此，从概率角度来说，固化土拌和物密度中心值所对应的固化强度 $225 kN/m^2$ 会是出现频率最多的值。

通过以上方法，即使生产和浇筑流态固化土的现场强度因为工程渣土等引起的性能偏差而降低，仍然可以确保作为回填材料的最低要求强度 f_c。

如图3.4所示为根据固化土拌和物密度控制得出的性能控制试验结果（现场强度）的案例。其假设所需最低强度f_c为106kN/m²，取设计基准强度F_c为200kN/m²，由流动性所决定的最大固化强度为500kN/m²。根据配合比设计的泥浆密度中心值对应的固化强度为350kN/m²，现场强度以配合比设计的固化强度为中心呈现正态分布，总体测量结果满足所需强度。

由上述性能控制结果的直方图中可见，虽然作为流态固化土主材的工程渣土以及泥土等原材料的性能参差不齐，以及生产过程中的计量误差和调整误差不可避免，但如果按照配合比设计对固化土进行合理控制，就可以确保所需最低强度f_c。与流态固化土强度相关的安全系数，已经包括在性能规定的增量系数和配合比设计的裕量之中。

另外，流态固化土在作为结构材料使用的场合下，有可能需要另外设定安全系数。此时，考虑到变动系数和不良率，设计基准强度F_c应为最低强度f_c的3倍以上。确定安全系数时应牢记，变动系数往往主要取决于土质和所需强度，同时也要考虑到使用场所的特点。

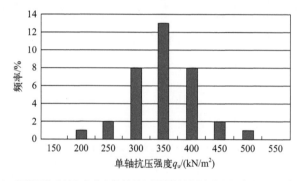

图3.4　根据固化土拌和物密度控制得出的性能控制试验结果（现场强度）的案例

第 4 章

施工

4.1 施工概要

流态固化土施工技术是指使用建筑渣土生产流态固化土，通过直接浇筑或泵送等方式进行回填。本章主要以在现场设置流态固化土搅拌站，并使用现场渣土的现场工厂方式进行说明。

4.1.1 施工流程

标准施工流程如图4.1所示。

4.1.2 施工计划

图 4.1 标准施工流程

（1）现场调查

现场调查应主要包括以下项目。

① 调查回填施工现场。在现场调查回填施工过程中，要观察回填对象的埋设位置和周边情况，同时确认作业空间能否得到保障。还要调查道路占用许可时间和作业时间段，并实地勘察周边地形、地质、地下水、地下埋设物等情况。

② 收集现有资料。根据勘测资料等，获取周边地基的强度等信息；根据主体工程的设计图纸等确认是否存在地下埋设物。

③ 调查工厂场地相关。调查浇筑现场附近可用作生产工厂的场地面积。如无法确保所需的场地面积，则需准备替代场地，并调查浇筑现场和生产工厂之间的距离、输送时间、交通拥堵等道路状况。

④ 调查工程渣土和用水。对工程渣土中是否含有重金属等有害物进行调查。如果可能含有重金属等有害物质，则需通过化学分析等进行查验。如果是填埋土，则通过调查确认填埋背景。用水可以选择自来水、工业用水、河水（含海水）、地下水等，但需要确保供给量。使用河水等时，需要确认水中是否含有影响固化强度的物质。

⑤ 确认配合比设计。如之前已有工程渣土的配合比，需确认此配合比设计的主材与实际生产用的原料土是否相同。如果不同，则需重新进行配合比设计。

（2）施工方案

在都市区生产流态固化土时，为了安全可靠地完成作业，应充分考虑周边环境并制定施工方案。

① 临时围挡。为了防止作业中的泥浆和固化土飞溅，应在生产工厂和浇筑区周围设置临时围挡。

② 安全员。在用自卸车运输建筑渣土或用搅拌车运输流态固化土时，由于施工车辆经常进出工地，应在出入口派驻安全员，以防止发生交通事故。

③ 回填区划。应考虑工厂的生产能力以及泵车和搅拌车的运输能力，可通过施工隔墙将浇筑区域进行适当划分。对于施工隔墙，可使用沙袋或模板，并注意防止流态固化土拌和物泄漏。

④ 浇筑用管道。使用混凝土泵车等将流态固化土运送至浇筑现场时，应在回填作业前设置浇筑管道。另外，在坑道等密闭空间进行回填时，需要在顶部设置排气管道或气孔。

（3）工厂

① 工厂的选择和设置。对于流态固化土的生产工厂，根据生产量和工期一般分三种：现场常设工厂（图4.2），用于长期大量生产流态固化土；现场临时工厂（图4.3），使用渣土堆场等进行一段时期的流态固化土生产；小型简易工厂（图4.4），适用于相对小规模的回填等。

这些使用划分是根据日产量、总生产量、生产工期等因素来确定的。表4.1为各工厂的生产能力和标准堆场，工厂的配置示例如图4.5所示。现场常设工厂的生产能力为 $30 \sim 145\text{m}^3/\text{h}$，现场临时工厂为 $20 \sim 30\text{m}^3/\text{h}$，小型简易工厂为 $5 \sim 20\text{m}^3/\text{h}$。

另外，工厂的设备选择和设置应在泥浆生产、流态固化土生产、装载、输送和浇筑的各个过程中尽可能实现均衡性。原料土的堆场也需要另外考虑。以上这些示例是假设用搅拌车将流态固化土运输到浇筑现场的情况。

图 4.2 现场常设工厂外观

图4.3 现场临时工厂外观

图4.4 小型简易工厂外观

表4.1 各工厂的生产能力和标准堆场

类别	生产能力/（m³/h）	标准堆场/m³
现场常设工厂	30～145	600以上
现场临时工厂	25	300以上
小型简易工厂	12.5	250以上

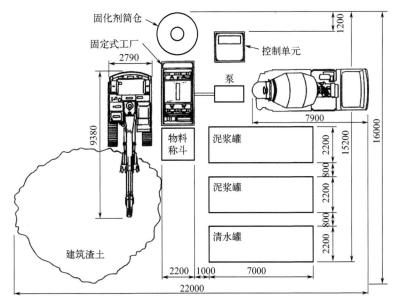

图4.5 工厂的配置示例

② 常设工厂。在城市及其周边等对流态固化土需求较大的地区，也有以生产、销售为目的设置的常设工厂（图4.6和图4.7），生产能力为每小时30～145m³左右。

（4）生产流态固化土

① 生产流程。流态固化土的标准生产流程如图4.8所示。

② 生产上的注意事项

a. 原料土（土、砂）的含水率。向工厂同时投入规定量的原料土（土、砂）和水，将泥搅拌开以及调整密度时，即使按配合比添加水和土来生产固化土，也存在由于土的含水

图 4.6 建筑渣土再生流态固化土常设工厂外观

图 4.7 泥土（含建筑污泥）再利用流态固化
土常设工厂外观图

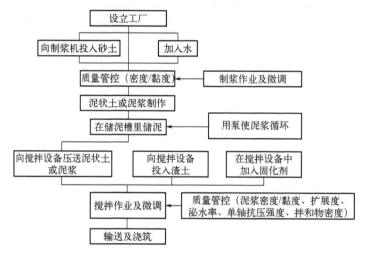

图 4.8 流态固化土的标准生产流程

率的参差不齐导致密度变化的情况。除了保证土的种类一致外，也要把控含水率。

b. 土的粒度。当黏土中的粗粒成分比例发生变化时，泥浆密度会发生显著的变化，难以确保性能的稳定。即使从外观上看是相同的黏土，也要事先测定其颗粒组成。特别是从土质交错的地基中开挖的土，或者是由不同土质混合而成的原料土，其粒度组成会时常发生变化，导致性能不稳定。

在以往的施工案例中，当原料土的细粒成分含量 F_c 变化超过 8% 时，即使使用相同的配合比，固化土的性能也会有很大变化。此时，需要根据现场情况采取适当的方法来掌握原料土的粒度。

c. 储泥浆槽。储泥浆槽不仅用于储存制备好的调整泥浆或泥状土，而且用于调节泥浆或泥状土的密度和黏度，是确保流态化固化土性能稳定的重要设施。

即使调整泥浆或泥状土可以在储泥浆槽中循环使用，石粒等成分也会在第二天沉淀在水槽底部，往往会导致调整泥浆或泥状土的密度难以维持。此时，需要添加新的泥浆或泥状土来重新调节。

d. 噪声。在流态固化土工厂的机械设备和作业中，虽然没有噪声管制法和振动管制法中所限定的特定施工机械和作业，但在都市区进行施工时，有时需要将振动噪声水平控制在规定值以下。此时，在制定施工方案时应选择低振动和隔声的机械设备。

（5）运输

生产的流态固化土主要使用搅拌车进行运输。运输途经坡道处时应注意防止撒落。搅拌车的运载量一般为5m³。使用搅拌车进行运输的路径应与相关机构协商后决定，尽量避开上班、上学时段。

此外，由于夏季室外气温升高，流态固化土的流动性可能会随运输时间延长而降低。因此，必须事先对时间和流动性的关系进行试验，确定其变化趋势并采取适当的措施。

（6）浇筑

流态固化土的浇筑方法分为利用重力下落的直接浇筑和使用混凝土泵的泵送浇筑。方法的选择由回填位置的形状、工作空间、浇筑量、周边状况等因素决定。当浇筑位置分布在几个区间时，可以将两种方法结合起来使用。一般来说直接浇筑的成本较低。

当浇筑区有大量积水时，原则上应先排水再进行浇筑，但在配合比设计时已考虑到在水中浇筑的情况，则不在此范围。

另外，在用搅拌车等直接进行浇筑时，应设置围挡布等以防止飞溅。

4.2 渣土的管控

流态固化土可以广泛使用包括从1类渣土到泥土（包括建筑污泥）等各种类型的土，但在使用渣土时需要注意以下几点。

4.2.1 堆场渣土的接收管控

渣土的性质稳定，流态固化土的性能就稳定。接收渣土时的管控很重要，必须在堆场派驻有经验的人员，获取土料的来源、土砂种类、渣土的挖掘状况等信息，并适当对土砂进行分类。

流态固化土的配合比因土的种类而异，最好确保充足的堆场面积并按照土的种类分开存放。然而，在都市区很难保证堆场所需的面积，因此，需要围绕生产现场采取渣土调配等措施。流态固化土常用于都市区的土工作业现场，因此，实际施工中堆场的面积常常不够用。

4.2.2 混入渣土的异物

（1）混有混凝土碎块和砾石

建设现场产生的土砂中往往含有混凝土碎块。当开挖土层到达砾石层边界时，渣土中也会含有砾石。流态固化土的生产工厂多数可以搅拌含有直径不超过40mm的混凝土碎块或砾石的泥状土，但2mm以上的碎块和砾石会导致泥状土有离析的风险。因此，在泵送泥状土或流态固化土时，碎块和砾石会堆积在泵送管的连接部位，导致泵送管堵塞等。

在接收含有较多混凝土碎块和砾石的渣土时，可以配备小型粉碎机进行处理，这样，这些原本不能被固化土所利用的混凝土碎块和大的砾石也可以被利用而无须废弃。

（2）混有木片和铁丝等异物

流态固化土通常经由管道从制浆设备泵送至储泥槽、搅拌设备和输送车辆。因此，一旦固化土中混入异物，往往会引发管道堵塞、设备机械故障等问题。因此，作为原料土使用的渣土中必须尽量避免混有木片、铁丝等细长异物。特别是地表附近的开挖土和建筑拆除现场产生的渣土中，会经常混入这类异物。

（3）含有固化剂的地基改良土

固化剂改良后的地基开挖后，其开挖土往往容易结团，可能会造成设备故障和管道阻塞。强度低于600 kN/m²的较低强度改良土，在生产过程中会被搅拌机粉碎，因此可以直接使用。

需要注意的是，使用地基改良所产生的泥浆时，如果其中仍有尚未反应的固化剂，而在配合比里不考虑这些未反应的固化剂的含量时，固化土的强度可能会变得非常高。

4.2.3 工程渣土的土质管控

当作为原料使用的渣土性质发生变化时，工厂中的泥浆、渣土和固化剂的掺量也需要相应改变，这可能会降低工厂的生产效率，并导致生产的流态固化土性能不稳定。因此，要尽可能地稳定提供同一种类的渣土。此时，为了掌握渣土的状态，主要管控项目有土的种类（包括分类）、含水率、来源和挖掘方法等信息。

图4.9 砂成分测定器

另外，有一些方法可以简单判断现场细颗粒成分的大小，如将土用水调解开，然后通过P漏斗试验测定其黏性，或使用砂成分测定器（图4.9）等。

受降雨等因素的影响，储存的渣土含水率会发生变化。一般来说黏性土的含水率变化不大。另外，在仅用黏土生产流态固化土时，由于通过调和后的泥浆的黏度和密度来控制性能，所以黏土的含水率变化不是问题。在使用砂质土和粉土的情况下，则需在降雨期间和降雨后测量和管控含水率。

4.3 生产方法

4.3.1 生产工艺

生产工艺的流程如图4.10所示。

（1）预处理

运到堆场的渣土一般含有异物，需要通过筛分或粉碎的方式进行适当的预处理。

如果渣土是砂质土，为了清除碎石等异物，在投入制造设备时，多使用带有过滤功能的铲斗机或者加装简易筛网（图4.11）。

这种预处理可以去除40～100mm的异物和砾石。另外，如果渣土为黏土，可先将泥调解开，再去除异物，这样效率更高。所以一般制浆作业中通过滤网来去除异物。

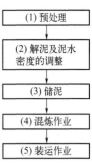

图 4.10　生产工艺流程

（2）制浆作业

制浆方法分为连续式和分批式。

① 连续式制浆。如图4.12所示为连续式制浆装置。

该设备有很强的制浆能力，对于黏性土也可以进行调和。此外，即使渣土是地基改良土，只要单轴抗压强度在 $q_u = 600kN/m^2$ 以下，也可以进行调和处理。

图 4.11　用简易筛网排除渣土中的石块

(a) 装置整体

(b) 叶片局部

图 4.12　连续式制浆装置（使用浆式搅拌机）

② 分批式制浆。如图4.13所示为分批式制浆装置。将规定量的黏土和水投入水槽后，利用砂泵使黏土和水循环生产泥浆。通过测定泥浆密度，调整黏土和水的掺量来达到规定的泥状土密度。

如图4.14所示是分批式解泥装置。利用该设备，将规定量的黏土和水投入水槽，铲斗机的前端安装搅拌器或者附有旋转器的网格型铲斗等装置进行原位强制搅拌。即便如此，也应同时在水槽排出口安装40mm的筛子来去除泥浆中的异物。

图4.13　分批式制浆装置（使用砂泵）

图4.14　分批式解泥装置（使用带搅拌器的网格型铲斗）

（3）储泥

生产的泥状土储存在水槽中时，为保持密度均匀，必须防止土颗粒发生沉淀。为此，储存在水槽中的泥状土应通过水下搅拌机、带搅拌器的水槽、水平水泵等方式进行循环。

（4）混合搅拌作业

混合搅拌作业是指将在制浆作业中制成的泥状土或调整泥浆与渣土和固化剂相混合，制成流态固化土。混合搅拌作业也分为连续式和分批式。混合搅拌方法比较如表4.2所示。

表4.2　混合搅拌方法比较

连续式的优点	分批式的优点
·生产能力和生产效率高	·可对应多种配合比
·可以节省施工人力	·性能管控简单

一般来说，连续式作业，从进料到出料，混合搅拌机可以不间断地连续工作，而分批式作业，在进料和出料时需要暂时停止，生产效率相对较低。因此，连续式方法在利用均质性较好的渣土中进行大量生产流态固化土时较为有利，而分批式方法在少量生产多种配合比的流态固化土时较为有利（图4.15～图4.17）。

4.3.2　生产工厂的形态

由上述制浆和混合搅拌设备组成的流态固化土生产工厂的例子如图4.18和图4.19所示。图4.18为连续式工厂的例子，制浆和混合搅拌均采用具有两个水平轴的桨式搅拌机。

图4.15 连续式混合搅拌装置（使用桨式搅拌机）

图4.16 分批式混合搅拌装置（使用圆盘形强制搅拌机）

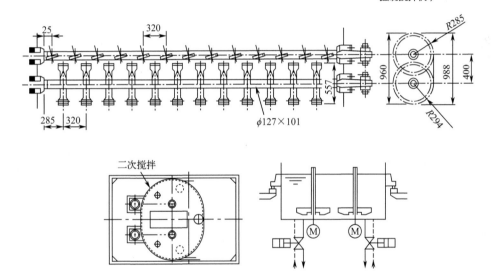

图4.17 圆盘形搅拌机结构

图4.19为分批式工厂的例子，由上往下竖直配备土砂料斗、制浆槽和混合搅拌槽。

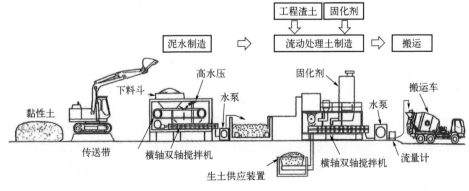

图4.18 连续式工厂

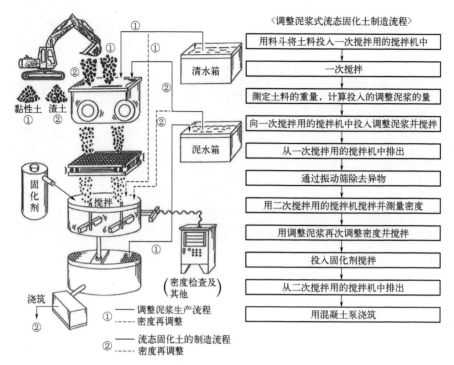

〈调整泥浆式流态固化土制造流程〉

用料斗将土料投入一次搅拌用的搅拌机中

一次搅拌

测定土料的重量，计算投入的调整泥浆的量

向一次搅拌用的搅拌机中投入调整泥浆并搅拌

从一次搅拌用的搅拌机中排出

通过振动筛除去异物

用二次搅拌用的搅拌机搅拌并测量密度

用调整泥浆再次调整密度并搅拌

投入固化剂搅拌

从二次搅拌用的搅拌机中排出

用混凝土泵浇筑

图 4.19　分批式工厂

4.3.3　土量变化率

以下以地下综合管廊回填试验施工为例，来说明当使用1m³的工程渣土为原料土生产流态固化土时的土量变化。包括两种生产方法：①事先准备好调整泥浆，并在其中加入渣土（砂质土）、固化剂；②将水和固化剂直接加入渣土（黏土）并进行混合。两种生产方法的配合比及土量变化率如表4.3所示。

表4.3　土量变化率示例

项目	泥浆		渣土/kg	工程土		土量变化率
	黏土/kg	水/kg		黏性土量/m³	渣土量/m³	
调整泥浆+渣土（砂质土）	205①	305	1022③	0.142	0.587	1.37
仅使用渣土（黏土）	891②	445	—	0.594	—	1.68

① γ_t =14.21 kN/m³。

② γ_t =14.70 kN/m³。

③ γ_t =17.05 kN/m³。

4.3.4　工厂的噪声和振动

对于工厂运转时的噪声、振动、粉尘，需要通过实测来评价其影响。一般的施工通常都能满足特定施工工程的噪声标准（作业场所的边界处不超过85dB）和振动标准（作业场所的边界处不超过75dB），但是在城市住宅区设置工厂时，应妥善考虑噪声源，选择隔声型、低振动的设备。

以下是在地下综合管廊回填试验工程中，对临海地区设置工厂的调查结果。

（1）监测场所

监测场所位置如图4.20所示。

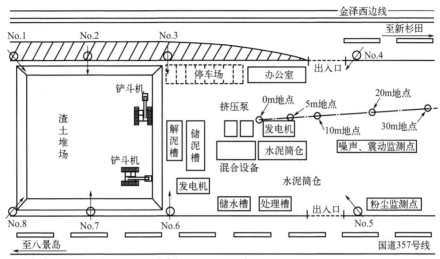

（注）助力泵×2台(CM-2000)/发电机125kV・A×2台 (NES 150 SH)
铲斗机0.7m³×2台 (KOBELCO SK200)

图 4.20　监测场所位置

（2）噪声监测结果

噪声水平与到噪声源的距离关系如图4.21所示。在主要噪声源的挤压泵和发电机的设置地点，记录到的噪声比设备不运转时的噪声（暗噪声）大10dB左右。在30m远处噪声与暗噪声基本相同，不受设备运转的噪声影响。

（3）振动监测结果

振动水平与振动源之间距离的关系如图4.22所示。与噪声测量结果相同，在挤压泵和发电机的设置地点，当设备启动时可以记录到振动。但在10m远的地方，记录到的振动水平与设备不启动时的振动（暗振动）基本相同。

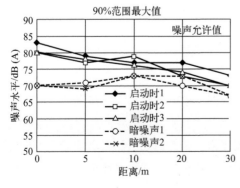

图 4.21　噪声水平与噪声源的距离关系

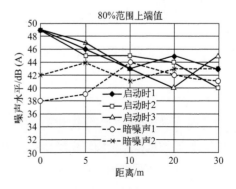

图 4.22　振动水平与振动源之间距离的关系

4.4 运输方法

为了防止材料离析，一般使用混凝土搅拌车（10t）来运输流态固化土。

当用搅拌车以外的车辆运输时，必须事先确认卸货前后的流态固化土的密度差小于 0.05 g/cm^3（在泌水试验中相当于1%泌水率的固化土的密度差）。

如果运输过程中材料离析较小，也可以选择表4.4所示的运输车。

表4.4　运输车的特点

搬运车	运载量/m³	优点	课题
混凝土搅拌车	4～5m	·防止材料离析 ·维持流动性 ·具有搅拌效果	·运载量稍少
顶棚车	6～7m	·增加运载量 ·利于直接投料浇筑 ·容易清扫	·需要采取措施防止材料沉降离析
吸引压送车	6～7m	·增加运载量 ·可以泵送 ·利于直接投料浇筑 ·浇筑时的飞散减少	·每次都需要清扫储物间 ·需要采取措施防止材料沉降离析

此外，以下是关于运输的注意事项：

① 运输的路线应与有关部门协商决定；

② 如果附近有学校等公共设施，应掌握道路情况并加以注意；

③ 对可能交通堵塞的道路，应调查情况并估计运输时间；

④ 最好避开上班、上学的时间段；

⑤ 在工厂出入口附近安排交通引导员，以保证周边交通的畅通；

⑥ 遵守相关法律法规，如颗粒物排放标准（柴油车的废气排放限则）。

4.5 浇筑方法

与浇筑混凝土相同，浇筑流态固化土有两种方法：泵送法（图4.23和图4.24）和直接浇筑法（图4.25和图4.26）。

泵送法的优点是，在浇筑现场作业空间有限的情况下，可以用输送泵将流态固化土从一个地方泵送至较大的范围进行浇筑。

直接浇筑法适于浇筑现场作业空间相对较大且不太受限的情况，例如埋设管道回填和地下综合管廊顶部的回填。如图4.26所示的料斗可以较准确靠近浇筑点，即使流动性较小也能施工。

图 4.23　泵送浇筑

图 4.24　混凝土泵车的泵送浇筑

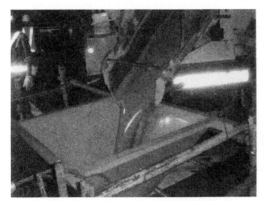
图 4.25　直接浇筑（混凝土搅拌车浇筑）

图 4.26　直接浇筑（使用长嘴料斗）

浇筑时如果有降雨，可能会影响流态固化土的性能，因此必须停止浇筑，或使用围挡布覆盖等措施。浇筑后的养护过程中遇强降雨也应采取相同措施确保性能。

当浇筑区有大量积水时，原则上应先排水再进行浇筑，但在配合比设计时已考虑到在水中浇筑的情况或在浇筑时能采取适当措施时，则不在此列。

当流态固化土用于回填埋设管道时，浇筑前必须考虑回填时对管道产生的浮力，并采取适当的措施防止上浮。

当流态固化土用于填充空洞等密闭空间时，有可能导致顶板处的空气淤积。因此，为了确保完全填充，有必要采取一些措施，如在适当的位置安装排气管或通风口。

4.6　施工（性能）管控

4.6.1　性能管控

与混凝土不同，流态固化土一般使用原材料性能变化较大的建设渣土和泥土（包括建筑污泥），其性能容易受到影响。

如图4.27所示，为了确保流态固化土的性能，应根据用途采用适当的性能规格，并关注原材料因化学和物理原因导致的性能偏差，进行性能管控。

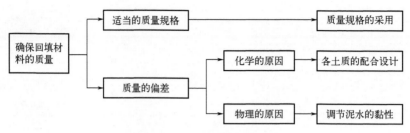

图4.27 生产过程的性能管控方法

对于流态固化土，要在其尚未凝固的状态下进行性能管控。

（1）使用土砂的管控

所使用土砂的含水率不仅要在土砂性状发生改变时测定，而且在储存期间（特别是长时间）以及降雨后使用砂质土时也要进行测定。

此外，管控由泥浆和渣土混合而成的泥状土时，可不必控制渣土本身的含水率。

（2）使用材料的管控

为了确保生产的流态固化土符合配合比设计，应记录原料土、固化剂以及水的用量，并与生产量、流量计记录的浇筑量或者成型状态进行核对。

（3）泥状土的管控

泥状土的管控是指确认生产泥状土的粒径组成是否符合配合比设计的规定。当泥状土的细粒成分含量 F_c 发生5%～8%的偏差时，可能仅通过调整泥状土密度很难确保流态固化土的性能。此时，如果原料土的粒径组成参差不一，可以结合黏度管控，并尽可能增加测量频率来确保性能。

（4）泥状土的密度以及流态固化土的湿密度、扩展度和泌水率的管控

对泥状土的密度以及生产过程中尚未凝固的流态固化土的湿密度、扩展度、泌水率分别进行性能试验。试验方法见"3.4.1配合比试验"。

（5）强度的管控

在生产或浇筑时从出料口取样，装入模具制成试件，在一定龄期下进行单轴抗压试验。根据需要，也可在浇筑体原位钻取一个未受扰动的芯样验证其强度。其中，在验证原位强度时，还可以根据便携式圆锥贯入试验计测得的圆锥指数等推定单轴抗压强度，但是需要对圆锥指数和单轴抗压强度的关系进行充分的研究。

流态固化土的质量标准管控方法如表4.5所示，必须充分考虑用途、施工条件等因素后再决定。

表4.5　流态固化土的质量标准管控方法

试验对象	试验项目	试验方法	测量频率	允许范围
泥状土	黏度	《预制混凝土灌浆料的流动性测试方法（P漏斗法）》（JSCE-F521—1944）和/或《发泡砂浆及发泡水泥浆的测试方法》（JHS A 313圆筒法）[①,②]	泥浆储存量的每1/2测量1次（但1天最少测2次以上）	需要在配合比设计基准所确定的流下时间或扩展度的上下限范围内[③]流下时间和扩展度如取较小的允许范围，强度的变动率会更稳定
	密度	用定量容器测定样品的容积质量		
	粒度	粒度试验或细粒成分含量试验[④]		
流动化固化土	密度	用定量容器测定样品的容积质量	1次以上/天	须在根据用途所定的性能规格条件范围内，并且在泥状土的密度上下限所对应的各值范围内。此外，如果缩小扩展度的允许范围，强度就会变得更加稳定，例如相对于中心值偏差定在±30mm以下
	扩展度	《发泡砂浆及发泡水泥浆的测试方法》（JHS A 313—1992使用ϕ80mm、h80mm的圆筒）[②]		
	泌水率	依据土木学会标准《预制混凝土灌浆料的渗透率和膨胀率测试方法》（JSCE-F522—1992）。另外，测量时应采用从测量开始经过一段时间后的值		
	单轴抗压强度	使用模具（ϕ50mm，h100mm）制作3个试件，原则上进行20℃密封养护，通常测28d龄期强度并求平均值		

① 通过将配合比试验中得到的泥状土的流下时间及/或扩展度与生产的泥状土进行比较来保持性能的稳定。使用为流态固化土技术开发的改良型P漏斗试验仪器，可以提高黏度的测量灵敏度，减小测量误差。

② 对于圆筒法，应使用光滑的平板，并迅速提起圆筒。

③ 使用常设工厂并可保持原料土的土质长期稳定时，可根据过去的性能管控的实际经验来确定各个数值的允许范围，但必须在配合比试验时得到的配合比设计基准图的允许范围内。

④ 用密度代替黏度管控泥状土时应同时进行粒度试验。

4.6.2　成型管控

用于土堤等工程时，对于成型管控应检查使用材料的接收票据和固化土的浇筑形状。如果用于填充等隐蔽部分较多的工程，应检查接收票据和流量计等。

4.6.3　配合比修正

流态固化土的性能通常不会像地基原位改良时的固化土那样多变。这是因为可以提前根据目测和预先掌握的信息管控原料土的性质，与波动风险较大的地基原位固化土相比，其波动风险相对较小。因此，实验室内用原料土制作的流态固化土与工厂生产的流态固化土，其性能差异相对较小。然而，如果无视原料土本身的偏差，而只保持配合比不变进行流态固化土生产，那么性能就会趋向不稳定。这种情况下，施工现场应根据原料的偏差，适当修正配合比以保证性能的稳定。

配合比修正的方法包括：

① 保持固化剂用量不变，改变泥浆密度以保持黏度不变；

② 改变固化剂。

总之要根据情况采取适当的方法。

第 5 章

工程应用案例

工程应用案例总结表

No.	工程名称	工程概要	土质	施工时期
案例1	两国/东蒲田/东六乡地下管廊回填工程	用途：地下管廊主体周边部回填 利用地下管廊施工产生的工程渣土生产流态固化土，用搅拌车将其输送到三个现场进行浇筑	黏土、粉土、砂	1995年5月～1996年4月
案例2	子安地下管廊工程和伊势崎地下管廊工程	用途：地下管廊主体周边部回填 利用地下管廊工程的开槽土生产流态固化土，用搅拌车输送到五个现场进行浇筑	黏土	1995年5月～1996年4月
案例3	福岛地下管廊（之十五）工程	用途：地下管廊主体周边部回填 在现场附近临时堆放地下管廊施工的开槽土，用其制备流态固化土，并泵送（400m）浇筑	粉土	1993年10月～1994年3月
案例4	地铁7号线延长工程	用途：地铁车站设施的回填 在盾构施工产生的高流动性渣土中掺加固化剂，用搅拌车进行混合搅拌，泵送浇筑	黏土、粉土	1995年10月～1996年12月
案例5	西五反田路面下空洞填充工程	用途：路面下空洞填充 在现场设置小型移动式搅拌站制备流态固化土，填充路面下空洞	关东壤土	1993年12月
案例6	鹤见路面下空洞填充工程	用途：路面下空洞填充 在离施工现场一定距离设置搅拌站，制备流态固化土，并用搅拌车输送至现场填充	关东壤土、风化山砂	1995年2月
案例7	埋设管道的模型回填试验工程	用途：埋设管道回填 使用调整密度的流态固化土对通信电缆模型进行了回填，以确认填充性	关东壤土、风化山砂、碎石	1994年2月
案例8	多条埋设管的应力传播试验工程	用途：埋设管道回填 对难以密实填充的多条保护管采用流态固化土回填	风化山砂、黏土	1996年2月～1996年5月
案例9	横滨地区坑道回填工程	用途：坑道回填 对硅砂开采遗留坑道进行回填。在离现场一定距离的场所设置搅拌站，制备流态固化土，并将其输送至现场浇筑	关东壤土	1994年10月～1994年12月

No.	工程名称	工程概要	土质	施工时期
案例10	首都高速道路IC旧消防水管填充工程	用途：管道内部填充 在日本桥川和隅田川之间的消防水管约1000m的范围内，填充包含消防栓的303m水管（ϕ500m）	黏土	1996年4月
案例11	BY514·515下部结构工程	用途：桥墩基础部回填 用开槽土为原料制备流态固化土，对桥墩和支护之间的空间进行回填	粉土	1994年6月
案例12	横滨地区燃气管道安装工程	用途：埋设管道回填 用流态固化土回填埋设管周边难以压实的狭窄部位	风化山砂、关东壤土	1996年6月
案例13	供水主管更换铺设工程	用途：用以替代管道承托防护的回填施工 在供水主管的更换铺设施工中，对多个埋设管排布密集的区间进行回填。由于支护施工的作业空间狭窄，使用流态固化土回填较为有利，且可以再生利用工程渣土	现场工程渣土	1996年10月
案例14	国道加宽工程附属的燃气管道回填工程	用途：用以替代承托防护施工的回填工程 由于对混凝土结构旁边暴露的燃气管道进行支护施工较为困难，所以采用流态固化土回填，以代替承托防护	风化山砂	1994年7月
案例15	大久保地区NTT管道安装工程	用途：埋设管道回填工程 在NTT管道的铺设施工中，采用流态固化土回填，以代替对其他企业的既有管道进行支护施工。另外，使用改良土作为原料土，简化了施工流程	对工程渣土进行改良后的改良土	1997年2月
案例16	六美干线水路高河原工程	用途：农业用水管线管体基础施工 在对开放式供水渠道进行复合管改造施工中，用流态固化土对基础部分进行回填。施工现场设置了简易小型搅拌站，用工程渣土作为原料土	现场工程渣土（弃土/黏土）	2002年4月～2003年3月
案例17	地铁车站设施的回填	用途：在该地区设置现场搅拌站，使用地铁车站施工产生的约2.4万立方米开槽土制备流态固化土，用搅拌车运送到各工区，对车站设施部分（开放式隧道部分）和密封式隧道部分等进行回填	冲积黏土	1998年12月～2001年12月
案例18	加宽填土	用途：使用流态固化土构筑垂直路堤（拓宽现有路堤），以达到放宽坡道处的道路线形，并拓宽与坡道下部并行的市政道路的目的	现场工程渣土	2004年9月～2004年10月

案例 1

用途	地下管廊主体周边部回填	目的	地下管廊主体侧部及顶板上部的回填
工程名称	两国/东蒲田/东六乡地下管廊回填工程		
施工地点	东京都区内		
业主单位	建设省东京国道工事事务所	工期	1995 年 5 月～ 1996 年 4 月

【工程概要】

两国/东蒲田/东六乡的三个地下管廊，用钢板桩进行支护并进行开挖施工。

用流态固化土浇筑回填地下管廊主体和钢板桩的间隙（30 ～ 50cm）及主体顶板上方约 50cm 的部分（案例图 1.1）。

流态固化土的原料土利用了地下管廊开挖施工中产生的渣土。渣土的临时堆场和搅拌站离施工现场有一定距离，将制备好的流态固化土用搅拌车输送至现场浇筑。

流态固化土的回填量约为 16000m³。

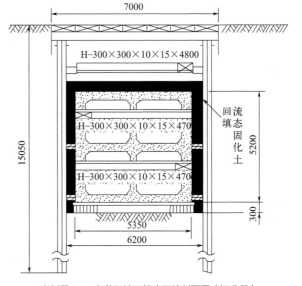

案例图 1.1　东蒲田地下管廊回填剖面图（标准段）

【施工概要】

三个地下管廊施工现场，开槽土堆场及流态固化土搅拌站位置关系如案例图 1.2 所示。在搅拌站制备流态固化土，使用搅拌车（7 ～ 10 台/d）进行运送。

施工程序如下：

① 将三个地下管廊施工现场的工程渣土集中堆放于一处；

② 制备流态固化土；

③ 用搅拌车将流态固化土运送到现场；

④ 泵送浇筑或直放浇筑流态固化土。

使用的开槽土粒度分布等土质特性具有较大的离散性，也含有大量的砂土。因此，为了获得较稳定的固化土性能和减少离析，采用向调整泥浆中混入砂土进行混合搅拌的方式。施工系统如案例图 1.3 所示。

流态固化土性能的目标值如下：

·搅拌后的扩展度值为 200 ～ 220mm；

·单轴抗压强度为 2kgf/cm² 以上；

（1kgf/cm² = 9.8kPa，下同）

·泌水率小于 1%。

此外，在运输过程中的扩展度损失预计约为 40mm。

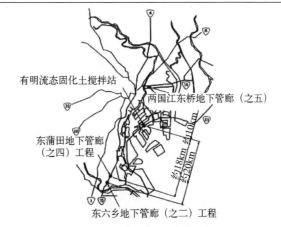

案例图 1.2　搅拌站和地下管廊位置

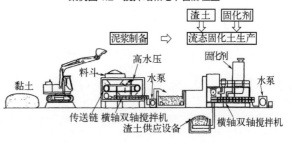

案例图 1.3　调整泥浆式流态固化土生产系统

【使用的材料】

流态固化土使用的工程渣土，主要是第3类和第4类建设工程废弃渣土。

·调整泥浆：泥浆密度1.2g/cm³左右，原料土为砂质粉土

·固化剂：一般软土用水泥基固化剂

·工程渣土：砂质粉土，粉土砂

案例表1.1　流态固化土的代表性配合比

| 泥浆密度 γ_f/（g/cm³） | 泥浆混合比 P | 固化土密度 γ_t/（g/cm³） | 泥浆 W_d | | 工程渣土 W_s/kg | 固化剂/（kg/m³） | 工程渣土利用率 R_w/% | 扩展度/mm | 单轴抗压强度 q_u/（kgf/m²） | | 摘要 |
			黏土/kg	水/kg					σ_7	σ_{28}	
1.225	0.50	1.630	205.4	305.6	1022.0	96.8	66.78	200	3.0	—	

注：$P=W_d/W_s$（W_s为工程渣土质量；W_d为泥浆质量）；$R_w=W_s/（W_s+W_d）×100\%$

【适用土质】

将工程渣土按取样地点分为七种，进行土质试验，结果如案例表1.2所示。

案例表1.2　土质试验结果

项目	砂（有明A）	砂质粉土（有明B）	砂质粉土（有明C-1）	砂质粉土（有明C-2）	砂质粉土（两国D-1）	砂质粉土（两国D-2）	砂质粉土（两国E）[①]
含水比	11.03	34.90	34.88	32.77	35.49	42.73	70.90
土颗粒密度/（g/cm³）	2.579	2.623	2.607	2.578	2.659	2.598	2.624
液性界限/%	—	47.50	33.43	—	—	40.90	77.90
塑性界限/%	—	25.73	21.79	—	—	28.07	42.70
砂/%	98.80	18.67	40.62	46.32	77.11	33.53	3.0
粉土/% 黏土/%	1.12	81.33	59.38	53.68	22.90	66.47	96.9

① 两国E数据取自江东桥整备工程的土质试验结果

【施工后的状况及其他】

（1）施工后的状况

施工后钻芯取样测试其性能

① 密度及单轴抗压强度。现场钻芯取样的密度（平均1.57t/m³）与搅拌站样品基本相同。单轴抗压强度达到目标值（2kgf/cm²）以上。

② 固化土的均质化。在调整泥浆中混入工程渣土进行混合搅拌，可减少工程渣土粒度波动的影响。特别是细粒成分含量可以变得非常稳定。

（2）其他

本工程的堆场面积约为400m²，比其他地基改良工艺的搅拌站占地面积相对稍大。今后，有必要研究缩小堆场面积和设备小型化。

【参考文献】

【1】久野，三木，森，吉池，三ツ井，手嶋:流動化処理土による共同溝埋戻し工事報告，第31回地盤工学研究発表会，H8.7

【2】久野，三木，森，吉池，岩淵:共同溝に埋戻された流動化処理土の透水性，第31回地盤工学研究発表会，H8.7

【3】久野，三木，三ツ井:大量に製造された流動化処理土の配合と品質，土木学会第51回年次学術講演会，H8.9

【4】久野，三木，保立:共同溝に埋戻された流動化処理土のボーリング調査，土木学会第51回年次学術講演会，H8.9

【5】久野，三木，隅田:流動化処理土のポンプ圧送実験，土木学会第51回年次学術講演会，H8.9

案例2

用途	地下管廊主体周边部回填	目的	地下管廊主体侧部和顶板上部的回填
工程名称	伊势崎町地下管廊及子安地下管廊		
施工地点	神奈川县横滨市		
业主单位	建设省横滨国道工事事务所	工期	1995年5月～1996年4月

【工程概要】

为有效利用地下管廊开挖产生的工程渣土，利用流态固化土对地下管廊主体周边进行回填试验施工。对地下管廊主体和临时支护之间的狭窄空间以及地下管廊顶板上方50cm范围内进行回填，回填量为18500m³。流态固化土回填施工昼夜进行，从搅拌站生产后用搅拌车输送到现场，再用泵车浇筑。

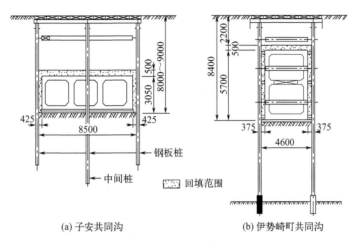

(a) 子安共同沟　　　　　　(b) 伊势崎町共同沟

案例图2.1　地下管廊标准剖面图

【施工概要】

施工使用的流态固化土生产系统如案例图2.2所示，施工顺序如下：

① 在调泥水槽中倒入工程渣土和水，用带搅拌翼的反铲将泥调解开；

② 调泥后泵送至调整泥浆槽，加水调整泥浆的密度；

③ 将调整好的泥浆投入搅拌机，添加固化剂，混合搅拌成流态固化土；

④ 将制备好的流态固化土用泵送到搅拌车中，并输送到施工现场；

⑤ 现场进行流态固化土泵送浇筑。

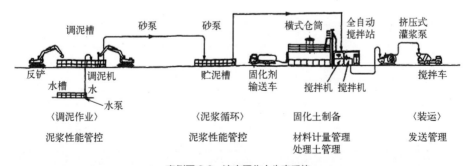

案例图2.2　流态固化土生产系统

【使用的材料】

工程废渣土：冲积黏土

固化剂：一般软地基用水泥基固化剂

q_u：2kgf/cm² 以上

扩展度：160mm 以上

泌水率：小于1%

案例表2.1　流态固化土配合比

种类	泥浆密度/（g/cm³）	固化土密度/（g/cm³）	配合比（每立方米固化土）		
			渣土/kg	水/kg	固化剂/kg
实例1	1.34	1.40	839	460	97
实例2	1.21	1.27	566	606	97
实例3	1.27	1.33	647	584	97

【适用土质】

用于制备流态固化土的工程渣土试验结果如案例表2.2所示。

案例表2.2　土质试验结果

分类名称	自然含水率/%	土颗粒的密度/（g/cm³）	粒度构成/%				液限/%	塑限/%
			砾石	砂石	粉土	黏土		
黏土	59.4	2.674	3.5	33.2	18.0	45.3	67.0	35.8
	74.5	2.732	4.8	21.0	21.2	53.0	85.8	37.6
	56.2	2.715	8.5	30.8	18.7	42.0	78.9	45.6

【施工后的状况及其他】

（1）流动性

经过约1h的运输，扩展度值从240mm降低到180mm，但是仍然满足目标值要求，对施工无影响。

（2）施工性

浇筑后确认无泌水现象，养护第2天的强度可满足进行下一道工序施工的需要。

（3）强度

浇筑后现场取样测试单轴抗压强度 q_u=2～6kgf/cm²，达到预定目标值。此结果与在搅拌站进行的质量管控抽样试验结果也基本相同，因此没有出现因输送和浇筑过程而导致的性能下降。

【参考文献】

案例 3

用途	地下管廊主体周边部回填	目的	地下管廊主体侧部和顶板上部的回填
工程名称	福岛地下管廊（之十五）工程		
施工地点	大阪府大阪市		
业主单位	近畿地方建设局大阪国道工事事务所	工期	1993 年 10 月～ 1994 年 3 月

【工程概要】

在位于 JR 大阪站西南约 0.7km 处的大阪市北区曾根崎至福岛县大开町的约 2500m 区间，进行了集成电话通信、电气、水管干线管廊、下水管廊和供给管管廊的新建工程施工。对地下管廊主体的侧部及上部空间进行流态固化土回填，回填量约 1600m³。

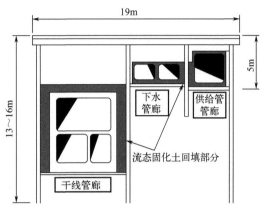

案例图 3.1　流态固化土回填部分

【施工概要】

在现场内设置搅拌站生产流态固化土，将其泵送到浇筑地点进行浇筑。原料土采用地下管廊开挖产生的工程渣土。施工系统如案例图 3.2 所示。

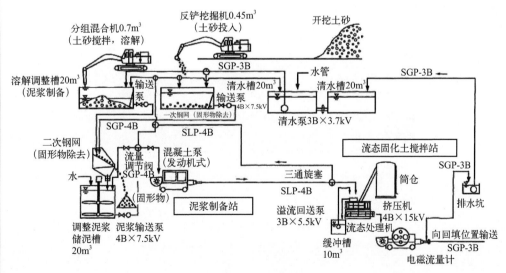

案例图 3.2　施工系统

【使用的材料】

采用一般软土用水泥基固化剂。案例表3.1中给出了流态固化土的配合比。案例表3.2中给出了流态固化土的性能管控目标值。

案例表3.1 流态固化土配合比

调整含水比/%	配合比/（kg/m³）		
	土量（干燥质量）	水量	固化剂
150	518	778	90

案例表3.2 性能管控目标值

泥浆密度/（g/cm³）	扩展度值/mm	泌水率/%	单轴抗压强度/（kgf/cm²）
1.33±0.10	180～250	3以下	$q_{u28} \geq 1.0$

【适用土质】

作为原料土使用的工程渣土的物理性质如案例表3.3所示。

案例表3.3 工程渣土的物理性质

自然含水率/%	湿密度/（g/cm³）	土颗粒密度/（g/cm³）	液限/%	塑限/%	粒度塑性/%				烧失量/%	pH值	日本统一土质分类
					砾	砂	粉土	黏土			
53.5	1.690	2.678	55.8	30.2	0	4	68	28	5.94	9.4	C′H

【施工后的状况及其他】

·施工后的状况

支护墙和地下管廊主体之间狭小的空间填充良好，未出现空隙。在浇筑后的第二天强度充分发展。

案例图3.3 地下管廊主体和支护墙之间浇筑的流态固化土

【参考文献】

大下，中江，菊池:流動化処理工法を用いた埋层し，土木学会第49回年次学術講演会講演集

案例4

用途	地铁车站设施的回填	目的	开挖施工的地铁站设施的侧部及顶板上部的回填
工程名称	地铁7号线延长工程		
施工地点	大阪市大正区，西区		
业主单位	大阪市交通局	工期	1995年10月～1996年12月

【工程概要】

本工程是在大阪市地铁大正延长施工区的盾构工程中，作为应对沼气的措施，对泵送来的高流动性盾构渣土进行流态固化处理，并用其对明挖施工的车站设施侧部及顶部进行回填施工。与以往使用风化山砂等的回填相比，流态固化土回填在封闭区间，具有较好的施工性和安全性。回填部的标准剖面图如案例图4.1所示。

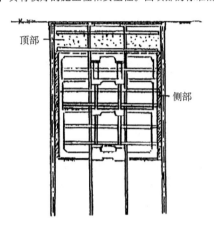

案例图4.1 回填部的标准剖面图

【施工概要】

本施工不使用固定式搅拌站，而是将水泥、水及高流动性的盾构渣土直接投入搅拌车（为了能够粉碎土块，对常规搅拌车的滚筒进行了改造）进行混合搅拌。流态固化土的制备和施工程序如案例图4.2所示。

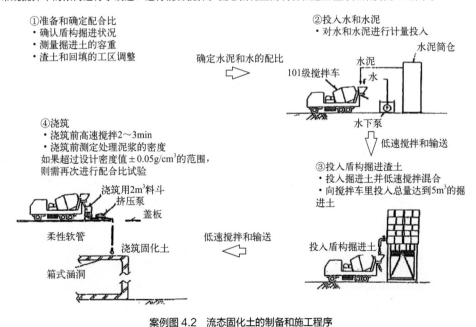

案例图4.2 流态固化土的制备和施工程序

【使用的材料】

工程渣土：盾构掘进土（由冲积黏土层、冲积砂层、洪积黏土层、洪积砂层的掘进所得）

水泥：普通硅酸盐水泥

目标强度：侧部 $q_u > 8kgf/cm^2$；顶部 $5kgf/cm^2 > q_u > 2kgf/cm^2$

固化土的配合比如案例表4.1所示。车站设施侧部和顶部所用固化土的目标强度不同，顶部配合比水泥用量为100kg/m³，侧部配合比单位水泥用量为200kg/m³和300kg/m³

案例表4.1 固化土的标准配合比（每立方米固化土）

项目	水泥	水	土砂	浇筑位置
A	100kg	440kg	530kg	顶部
B	200kg	382kg	550kg	侧部
C	300kg	382kg	520kg	侧部

【适用土质】

主要使用从冲积黏土层（Ac）挖掘的土砂作为原料土，也使用从冲积砂层（As）、洪积砂层（Ds）挖掘的土砂。挖掘地基的物理性能指标如案例表4.2所示。

案例表4.2 挖掘地基的物理性能指标

地层	N值	土颗粒密度 / (kg/cm³)	自然含水率/%	湿密度 / (g/c³)	粒度组成/%			
					砾石	砂石	粉土	黏土
Asi	0～60	2.505～2.743	9.1～69.6	1.876	0～70	0～94	3～70	3～43
Ac	1～20	2.582～2.700	17.3～60.2	1.636～1.909	0～7	0～59	32～72	21～55
As2	5～45	2.637～2.670	1.55～30.7	(1.800)	0～15	36～86	4～38	4～26
De	3～60	2.607～2.667	21.5～76.9	1.537～1.876	0～34	0～79	8～70	11～63
Ds	10～60	2.626～2.679	11.1～36.5	1.919	0～17	30～89	4～34	4～39
Dg	29～60	2.637～2.656	5.3～10.7	(2.000)	40～69	27～51	4～11	

【施工后的状况及其他】

在施工中，对流态固化土的容重、单轴抗压强度（7d、28d）等进行测定以控制其性能，所得强度满足设计值要求。

【参考文献】

【1】江坂，有冈，森，後藤：シールド発生土を用いた地下鉄躯体部の埋戻し（その1）——発生土を用いた中低強度安定処理土の施工管理システムの事例，材料学会第2回地盤改良シンポヅウム，H9.1

【2】有冈，森，小野，許:シールド発生土を用いた地下鉄躯体部の埋戻し（その2）——中低強度安定処理土の物性・力学特性，材料学会第2回地盤改良シンポジウム，H9.1

案例5

用途	路面下空洞填充	目的	路面下空洞的非开挖填充
工程名称	西五反田路面下空洞填充工程		
工程地点	東京都西五反田		
业主单位	（财）道路保全技术中心	工期	1993年12月

【工程概要】

将流态固化土用于国道路面下空洞的填充。本施工现场是市政道路，全天交通量很大。根据探地雷达和透镜观察，路面下存在的空洞面积为6m²，厚度约为0.35m。此空洞周边无埋设管道等地下结构，无地下水流，因此推测产生空洞的原因是由于交通振动等引起回填材料体积减小所致。

案例图5.1　现场周边的状况

浇筑前

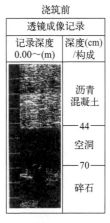

透镜成像记录	
记录深度 0.00～(m)	深度(cm)/构成
	沥青混凝土
	—44— 空洞
	—70— 碎石

案例图5.2　发现的空洞（透镜照片）

【施工概要】

施工使用的移动式流态固化土搅拌站如案例图5.3所示。搅拌站由分批式混合搅拌机、压送泵、流量计组成。分批式混合搅拌站每次的最大拌和量为0.7m³，压送泵使用最大排出量为2.5m³/h的挤压泵。填充施工由从移动车上的混合搅拌机直接投放，确保足够的压力水头，但由于流量难以把握，所以使用泵进行压送。施工顺序如下：

① 在挖掘浇筑孔后，检测浇筑孔，钻芯取样，并挖掘调查孔；

② 搬入材料和设备；

③ 使用透镜检查空洞；

④ 填充施工及性能管控。

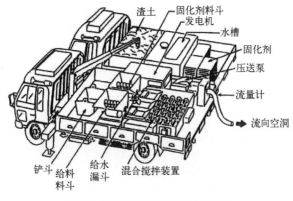

案例图5.3　移动式流态固化土搅拌站

【使用的材料】

工程渣土：关东壤土

固化剂：软弱地基用水泥基固化剂

流态固化土密度：1.30kg/m³

案例表5.1 流态固化土的配合

调整含水率/%	单位配合比/（kg／m³）			泥浆密度/（t/m³）	泥浆P漏斗试验/s	固化土P漏斗试验/s	单轴抗压强度/（kgf/cm²）		
	壤土	水	固化剂				1d	7d	28d
275	627	513	160	1.204	10.9	13.7	1.60	1.95	3.14

【适用土质】

使用工程渣土作为原材料土，其土质为关东壤土（千叶县产，土颗粒密度2.744g/cm³，自然含水率106.2%）。

【施工后的状况及其他】

（1）施工后的状况

① 填充性。使用透镜检查填充状况，确认实现全部填充。便携式探地雷达测试显示，表征空洞存在的信号在填充后消失，填充性良好。

② 占用道路面积。移动式流态固化土搅拌站及其空洞钻孔作业区域和导流体共计占用道路总面积约为50m长的双车道。

③ 施工性。采用车载移动式搅拌机，浇筑3.63m³的流态固化土所需时间约为3.75h。施工当天是雨天，但对固化土制备及浇筑未产生影响。

（2）其他

施工时进行了噪声测量，搅拌站运转时与停止时的噪声相差不大。由于现场是交通量大的国道，搅拌站产生的噪声低于周边的交通噪声。

【参考文献】

【1】三木博史，岩淵，三木幸一，他2名:流動化処理工法による路面下空洞充填施工試験の概要報告，第49回土木学会研究発表会，H6.9

【2】久野，三木，岩淵，森，他2名:流動化処理工法による路面下空洞充填試験施工，土と基礎，vol.143-2，H7.2

案例6

用途	路面下空洞填充		目的	路面下空洞的非开挖填充
工程名称	鹤见路面下空洞填充工程			
施工地点	横滨市鹤见区			
业主单位	（财）道路保全技术中心		工期	1995年2月

【工程概要】

使用流态固化土对道路下发现的空洞进行填充。空洞位于路面下约1m的深度，面积5m²，体积1m³左右。考虑填充后的长期耐久性，使用了高密度的流态固化土。施工时在路面设置注入孔，向其中泵送注入流态固化土。

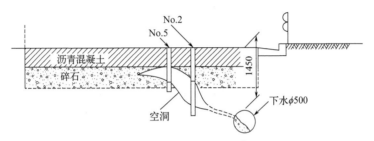

案例图 6.1　空洞及周边的状况

【施工概要】流态固化土的施工系统如案例图6.2所示

施工程序如下：

① 利用反铲及传送带将黏土投入搅拌机，并加水将泥调解开；

② 确认调泥后的泥浆密度，将风化山砂投入搅拌机中继续搅拌；

③ 添加定量的固化剂，混合搅拌制备流态固化土；

④ 将制备的流态固化土装入搅拌车并输送到现场；

⑤ 在现场进行道路管制，设置注入孔；

⑥ 使用混凝土泵车从注入孔向空洞泵送流态固化土；

⑦ 进行路面勘察以确认填充，解除道路限制。

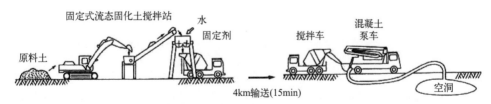

案例图 6.2　调整泥浆式流态固化土施工系统

【使用的材料】
调整泥浆：泥浆密度为1.10g/cm³，材料为关东壤土
工程渣土：风化山砂
固化剂：高炉矿渣水泥B类

案例表6.1 流态固化土的配合比

泥浆密度/(g/cm³)	泥浆混合比 P	固化剂掺加量 C /kg	单位用量（每立方米固化土）			目标值			
			泥浆		风化山砂/kg	密度/(t/m³)	扩展度/mm	28d抗压强度 q_{u28} /(kgf/cm²)	CBR_7/%
			黏土/kg	水/kg					
1.10	0.35	152	126	318	1269	1.87	180	10.0	30

【适用土质】
流态固化土制备所使用土的土质如案例表6.2所示。

案例表6.2 土质试验结果

产地和名称	自然含水率/%	土颗粒的密度/(g/cm³)	粒度组成/%				液限/%	塑限/%
			砾成分	砂成分	粉土成分	黏土成分		
横浜港北产壤土	99.9	2.775	9.1	26.9	20.0	44.0	114	82
木更津产风化山砂	14.0	2.745	5.5	84.7	8.6	1.2	未测出	未测出

【施工后的状况及其他】
·施工后的状况
① 充填状况。尽管扩展度稍低（180mm），但确认可以充分填充复杂形状的空洞。
② 施工性。从搅拌车抵达施工现场到填充结束，时间可短至约30min，即使考虑到道路管制需要的时间，一个晚上也可以对多个空洞实施填充施工。
③ 强度。龄期28d时，单轴抗压强度为10kgf/cm²，CBR为74%，满足设定的目标值。施工过后一年以上，路面上也没有出现裂缝或下沉等变化。

【参考文献】
【1】三木，森，久野，岩淵，他2名:流動化処理工法による路面下空洞充填施工試の概要報告（その2），第50回土木学会研究発表会，H7.9
【2】三木，森，久野:流動化処理工法による路面下空洞の充填，第21回日本道路会議一般論文集，H7.10

案例7

用途	埋设管道回填		
工程名称	埋设管道的模型回填试验	目的	复杂形状管路的回填
施工地点	建设省土木研究所内		
业主单位	土木研究所·（社）日建经中技研	工期	1994年2月

【工程概要】

制作通信电缆地下埋设管模型（5排×6层），并利用流态固化土进行回填试验，另外，为了促进工程渣土的再生利用，并提高流态固化土的品质和长期稳定性，试验使用了高密度流态固化土。

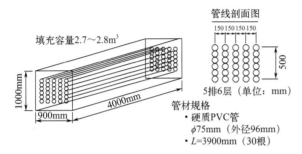

案例图7.1 回填试验模型

案例图7.2 配管状况

【施工概要】

施工系统如案例图7.3所示。

施工程序如下：

① 用反铲将黏土投入制泥设备的料斗中并进行调泥作业；

② 用调整后的泥浆泵送到调整泥浆槽，并调整泥浆的密度；

③ 将制备的调整泥用挤压泵送入流态固化土搅拌站，添加定量的风化山砂、石砾和固化剂，混合搅拌制备流态固化土；

④ 用搅拌车输送制备好的流态固化土并浇筑。

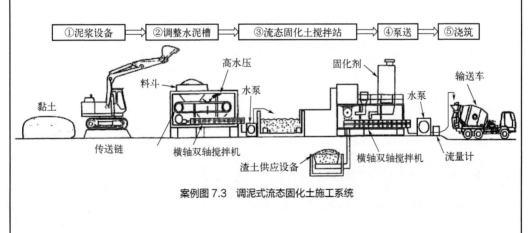

案例图7.3 调泥式流态固化土施工系统

【使用的材料】
调整泥浆：泥浆相对密度为1.11　　　　材料为关东壤土
固化剂：软弱地基用水泥基固化剂
工程渣土：关东壤土、风化山砂、石砾

案例表7.1　流态固化土的配合比

工程渣土名称	泥浆密度/（g/cm³）	泥浆/kg	工程渣土/kg			固化剂/（kg/m³）	泥浆混合比
			壤土	风化山砂	砾石		
关东壤土	1.11	578	762	—	—	100	0.76
风化山砂	1.11	424	—	1464	—	100	0.29
风化山砂+石砾	1.11	434	—	1445	386	100	0.24

【适用土质】
制备高密度流态固化土所用土的性质试验结果汇总于案例表7.2。

案例表7.2　土质试验结果

项目	壤土	风化山砂	砾石
产地	茨城县玉造产	茨城县江户崎产	产品名称：2005
密度/（g/cm³）	2.809	2.714	—
含水率/%	71.88	8.83	1.15
均匀系数	14.1	6	2.3
塑性指数	31.5	—	—
砾成分/%	0	0	100
砂成分/%	5	89	0
粉土成分/%	27	4	0
黏土成分/%	68	6	0

【施工后的状况及其他】
（1）填充性
填充率几乎100%，目测没有发现空隙。
（2）水化热
流态固化土固化反应有一定放热，但温度没有明显升高。
（3）碎石的分散状况
目测确认碎石基本均匀分散。
（4）浮力
试验结果显示，流态固化土浇筑过程中对埋设管线产生的浮力，因固化土扩展度不同而有所变化，扩展度小的固化土作用于埋设管线的浮力相比根据固化土密度和埋设管线体积计算出的理论值偏低。

【参考文献】
【1】久野，三木，持丸，岩淵，加々見，大山：発生土の利用率を高めた流動化処理土の充填性に関する大型実物大実験の報告，第29回土質工学会研究発表会，H6.6
【2】久野，森，神保，本橋，市原，三ツ井，吉原：発生土の利用率を高めた流動化処理土における配合の考え方，第29回土質工学会研究発表会，H6.6
【3】久野，持丸，竹田，加々見：発生土の利用率を高めた流動化処理土の浮力に関する実物大実験，土木学会第49回年次学術講演会，H6.9
【4】久野，森，神保，岩源：発生土の利用率を高めた流動化処理土の強度特性，土木学会第49回年次学術講演会，H6.9

案例8

用途	埋设管道回填		目的	流态固化土回填后作用于柔性管道交通负荷的影响调查
工程名称	多条埋设管的应力传播的试验			
施工地点	Aronkasei公司研究所内			
业主单位	土木研究所·（社）日建经中技研		工期	1996年2月～1996年5月

【工程概要】
制作电线地下管廊（CCP-BOX）的足尺模型，测量交通载荷作用于埋设管所产生的应变、下沉和路面挠度等。

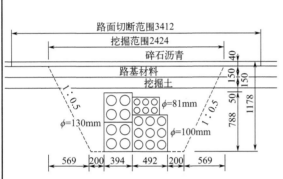

案例图8.1 回填试验模型

案例图8.2 配管状况

【施工概要】
施工系统如案例图8.3所示，流态固化土通过车载移动式搅拌站制备
施工顺序如下：
① 向调泥槽中加入一定量的水，并边搅拌边投入黏土；
② 检测调泥槽的泥浆密度并进行微调，制备调整泥浆；
③ 利用砂泵将调整泥浆送入流态固化土搅拌站，加入一定量的风化山砂及固化剂进行搅拌；
④ 将流态固化土泵送浇筑在模型中

案例图8.3 流态固化土浇筑状况

【使用的材料】

调整泥浆：泥浆密度为1.30t/m³，材料为干燥黏土和自来水

固化剂：早强型水泥基固化剂

工程渣土：爱知县常滑产风化山砂

案例表8.1 流态固化土的配合比

泥浆密度/（t/m³）	固化土配合比/（kg/m³）				固化土密度/（t/m³）	扩展度/mm	泌水率/%	单轴抗压强度/（kgf/cm²）		
	黏土	水	工程渣土	固化剂				3d	7d	28d
1.3	210	355	1256	68	1.890	160	51	1.5	2.4	4.1

注：1kgf＝9.8N，下同。

【适用土质】

制备流态固化土时使用的土质试验结果汇总于案例表8.2。

案例表8.2 土质试验结果

项目	土颗粒密度/（g/cm³）	自然含水率/%	粒度组成/%			液限/%	塑限/%
			黏土和粉土	沙子	砾石		
风化山砂	2.638	7.3	6.0	94.0	0	未测出	未测出

【施工后状况及其他】

施工后状况

（1）埋设管道的应变

流态固化土浇筑后，使用11t的载重车进行载重试验，载重车在静止状态下产生0.02%左右的应变，此数值是风化山砂回填施工的荷载应变的1/15左右。

（2）路面的挠度

利用贝克曼梁弯沉仪测量路面挠度，约为0.8mm，是风化山砂回填施工的挠度的约1/2。

案例图8.4 施工现场

【参考文献】

案例9

用途	坑道回填		目的	大规模地下坑道回填
工程名称	横滨地区坑道回填工程	目的		
施工地点	神奈川县横滨市			
业主单位	神奈川县横滨市	工期	1994年10月～1994年12月	

【工程概要】

由于住宅区地下存在采矿后的废弃矿井，有塌方的隐患，因此采用流态固化土进行回填。地下坑道的范围在地平面以下2～11m，估计总体积约为6000m³。坑道本体是高约2m的马蹄形截面形状，在1ha的范围内如棋盘网格线般纵横交错。

本试验施工中，对1360m³的地下坑道进行了流态固化土回填。

【施工概要】

由于施工区域在住宅区，因此现场附近无法确保搅拌站用地，流态固化土搅拌站和砂土堆场设置在距离施工现场约2km的地方，使用混凝土搅拌车输送至现场。作为原料土的砂土为横滨市产生的工程渣土，将其运至堆场存放。

为了提高工程渣土的利用率，回填时使用了较高密度的流态固化土。而且在该流态固化土回填后，为了保证其与矿井顶部之间的充分填充，还使用了流动性更高的固化土。

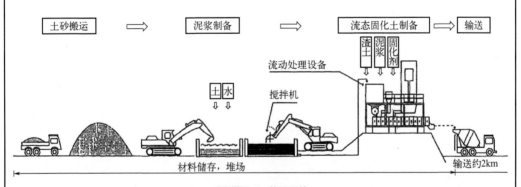

案例图9.1　施工系统

【使用材料】

调整泥浆：回填用泥浆相对密度为1.32，材料为关东壤土

　　　　　填充用泥浆相对密度为1.28，材料为关东壤土

固化剂：软土地基用水泥基固化剂

案例表9.1　流态固化土的配合比

项目	泥浆相对密度	水/(kg/m³)	工程渣土/(kg/m³)	固化剂/(kg/m³)	扩展度/mm	单轴抗压强度/(kgf/cm²)			密度/(g/cm³)	含水率/%
						3d	7d	28d		
回填用	1.36	509	850	120	250	1.5	2	2.6	1.42	116.4
顶部填充用	1.31	577	732	140	350	2.8	4	5	1.39	131.7

【适用土质】

制备流态固化土时所用的土质试验结果如案例表9.2所示

案例表9.2　土质试验结果

自然含水率/%	土颗粒相对密度	粒度构成/%	
		粗粒成分	细粒成分
50.8～70.0	2.764	49.2	50.8

【施工后的状况及其他】

（1）填充性

先使用扩展度低的高密度固化土回填，再使用扩展度高的固化土填充顶部，可以实现完全填充。

（2）流动梯度

根据足尺模型试验和现场观测，确认扩展度为200～250mm的流态固化土有3%左右的流动梯度。

（3）性能控制

泥浆密度及固化土的密度波动很小，基本稳定。扩展度和单轴抗压强度结果出现了一定波动，但满足设定的目标值。

（4）周边环境调查

检测结果表明，振动噪声控制在特定建设施工作业规定的基准值以内。另外，也没有发现对周边地下水的水质有影响。

【参考文献】

【1】久野，神保，平田，岩淵，阿部:流動化処理土による坑道埋戻しに起因する周辺環境ヘの影響に関する一考察（その1），第30回土質工学研究発表会，H7.7

【2】久野，本橋，岩淵，市原，神保:流動化処理士の温度上昇に関する一考察（その1），第30回土質工学研究発表会，H7.7

【3】久野，三木，森，岩淵，三ツ井，市原:流動化処理土による坑道埋戻し充填に関する実物大打設実験，第30回土質工学研究発表会，H7.7

【4】久野，三ツ井，阿部，岩淵，片野:流動化処理土による坑道埋戻し充填試験工事報告，第30回土質工学研究発表会，H7.7

【5】久野，市原，高橋，瀬戸，勝田，原:発生土を用いた流動化処理土の製造と品質に関する報告，第30回土質工学研究発表会，H7.7

【6】久野，阿部，斉藤，高橋，市原:流動化処理土による坑道埋屢し工事の出来形管理に関する一考察，第50回土木学会研究発表会，H7.9

案例 10

用途	管道内部填充	目的	未使用埋设管道的内部填充
工程名称	首都高速道路 IC 旧消防水管填充工程		
施工地点	东京都区内		
业主单位	首都高速道路公团	工期	1996 年 4 月

【工程概要】

在桥梁下部结构施工中，拆除部分地下埋设管道时，为了防止周边泥砂流入现有埋设管道内部，使用流态固化土进行管内填充。填充的管道为 1965 年所建的消防水管，施工范围内的管道长度约 303m。流态固化土从 No.2 以及 No.3 消防栓处进行自重下落直接浇筑及泵送浇筑。

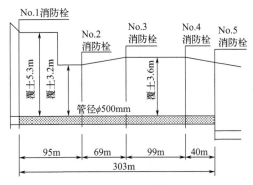

案例图 10.1　埋设管道填充概要

【施工概要】

施工中使用的流态固化土生产系统如案例图 10.2 所示具体生产流程如下：

① 向调泥用水槽中投入渣土和水后，用带有搅拌翼的反铲将泥调解开；

② 调泥后，调整泥浆密度，并送至流态固化土搅拌站（车载式）；

③ 投入固化剂并混合，制备流态固化土；

④ 用混凝土泵车泵送浇筑。

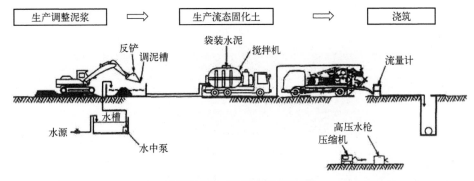

案例图 10.2　流态固化土生产系统

【使用材料】

原料土：冲积层黏土

固化剂：用于一般软土地基的水泥基固化剂

案例表10.1　流态固化处理的配合比

单位配合比/（kg/m³）			泥浆密度/（g/cm³）	固化土密度/（g/cm³）	扩展度/mm	泌水率/%	单轴抗压强度/（kgf/cm²）
黏土	水	固化剂	1.22	1.31	300	1以下	2以上
664	497	152					

【适用土质】

用于生产流态固化土的建筑渣土的土质试验结果如案例表10.2所示。

案例表10.2　土质试验结果

名称	自然含水率/%	土颗粒密度/（g/cm³）
黏土	101	2.72

【施工后的状况及其他】

施工后的状况

（1）流动性

扩展度为300mm的流态固化土从约3m的高度下落时，确认可以流动到管道内70m的范围。

（2）填充性

对填充后拆除的管道进行目视检查，确认管道完全被流态固化土填充。

（3）强度

7d龄期时的单轴抗压强度为2.3kgf/cm²，满足目标值。

案例图10.3　管内填充情况

【参考文献】

案例11

用途	桥墩基础部的回填	目的	桥墩基础周边狭窄空间回填
工程名称	BY514·515下部结构工程		
施工地点	神奈川县横滨市	工期	1994年6月
业主单位	首都高速道路公团		

【工程概要】

在首都高速道路湾岸线的桥墩基础工程中，通信、燃气、上下水等多处埋设管道互相交错，在该部分的回填中使用了流态固化土。桥墩基础桩施工时产生的开槽土作为原料土使用。

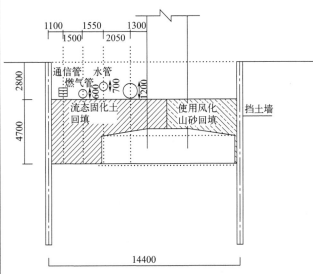

案例图11.1 施工概要

案例图11.2 固化土浇筑情况

【施工概要】

施工流程如下所示:

① 向调泥槽中投入一定量的水和原料土进行搅拌来生产泥浆;

② 测量调泥槽泥浆的密度，并调整泥浆密度;

③ 通过挤压泵将泥浆泵送到流态固化土处理设备，添加固化剂进行混合搅拌;

④ 泵送到浇筑处进行浇筑。

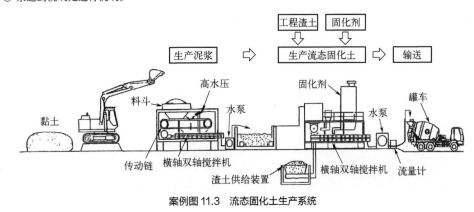

案例图11.3 流态固化土生产系统

【使用的材料】

渣土：粉土

水：自来水

固化剂：用于普通软土的水泥基固化剂

案例表11.1 流态固化土配比

泥浆密度/ (t/m³)	单位质量/（kg/m³）			固化剂	流态固化土密度/（t/m³）	目标扩展度/mm	泌水率/%
	泥浆	泥浆组分					
		土	水				
1.35	1309	861	449	100	1.41	180	1.0以下

【适用土质】

用于生产流态固化土的建筑渣土的土质试验结果如案例表11.2所示。

案例表11.2 土质试验结果

自然含水率/%	土颗粒密度/ (g/cm³)	湿密度/（g/cm³）	粒度构成/%				液限/%	塑限/%	pH值	烧失量/%
			砾成分	砂成分	粉土成分	黏土成分				
61.2	2.746	1.595	0	4.4	60.7	34.9	51	32.7	9.08	5.87

【施工后的状况及其他】

施工后的状况

（1）强度

满足了单轴抗压强度目标值3kgf/cm²。

（2）沉降

施工结束后，进行了5个月的沉降监测，在施工后不久观察到约7mm的沉降，以后几乎不再沉降。

【参考文献】

岩淵常太郎 他:流動化処理土による埋設管の密集する橋脚基礎の埋し工事報告，第50回土木学会研究発表会Ⅵ

案例12

用途	埋设管道回填	目的	燃气管道及防护管道回填
工程名称	横滨地区燃气管道安装工程		
施工地点	神奈川县横滨市市政道路	工期	1996年6月
业主单位	东京燃气（株）		

【工程概要】

　　在燃气管道及防护管道的回填中使用了流态固化土。特别是燃气管道本体的底侧部、燃气管道本体与防护管道之间的空隙，用普通砂回填非常困难，所以使用流态固化土进行回填。

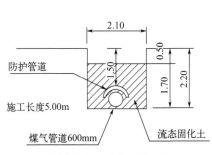

案例图12.1　现场配管情况

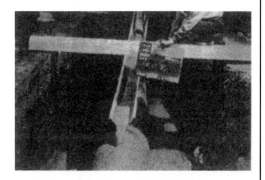

案例图12.2　固化土浇筑情况

【施工概要】

流态固化土的施工系统如案例图12.3所示。

施工流程如下：

① 用反铲将原料土投入混合设备的料斗中；

② 将原料土与水混合生产泥浆；

③ 将生产的泥浆投入搅拌车，输送到现场；

④ 向现场的混合槽中投入泥浆，添加固化剂并混合搅拌，制备流态固化土；

⑤ 直接向沟槽中浇筑流态固化土。

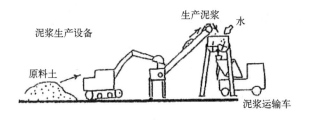

案例图12.3　施工系统

【使用的材料】

流态固化土：密度为1.601t/m³，材料为回填用风化山砂、关东壤土和自来水

固化剂：速硬型水泥基固化剂

案例表12.1　流态固化土的配合比

流态固化土配合比/（kg/m³）				流态固化土密度/（kg/m³）	扩展度/mm	泌水率/%	单轴抗压强度/（kgf/cm²）	
壤土	水	风化山砂	固化剂	1.601	170	≤1	1h	28d
180	320	1070	120				>0.5以上	>2.0

【适用土质】

生产流态固化土时用土的试验结果如案例表12.2和案例表12.3所示。

案例表12.2　土质试验结果

类别	关东壤土	风化山砂
自然含水率/%	129.0	16.4
相对密度	2.817	2.809

案例表12.3　砂的粒度组成（产地：千叶县香取郡神崎町）

粒径/mm	19.0	9.5	4.75	2.0	0.85	0.425	0.25	0.106	0.075
筛分通过率/%	100.0	99.1	98.6	97.5	91.7	57.3	24.8	1.5	1.1

【施工后的状况及其他】

施工后的状况

（1）填充状况

扩展度为170mm，虽然偏低，但是能够完全填充燃气管道侧部以及燃气管道与防护管道的间隙处。

（2）浇筑后的性能试验结果

如案例表12.4所示。

案例表12.4　质量控制测试结果

经过时间	浇筑时	3min	30min	4h	3d	7d	28d
扩展度/mm	270	170	—	—	—	—	—
q_u/（kgf/cm²）	—	—	0.26	1.22	1.67	1.90	4.15

【参考文献】

案例 13

用途	用以替代管道承托防护的回填施工	目的	在多个区间内，由于埋设管道密集，对管体设置承托防护的作业空间过于狭小，因此用回填工程代替
工程名称	供水主管更换铺设工程		
施工地点	台东区龙泉		
业主单位	东京都	工期	1996 年 10 月

【工程概要】

在供水主管（700mm）的更换铺设施工中，在国道交叉点处有多个企业密集埋设的管道。代表性的施工断面如案例图13.1所示。从图可见，由于水闸室及其正下方的现有埋设管道，难以对煤气管道设置承托防护。作为替代方案，采用流态固化土进行回填。供水管道为自来水管，新建长度640m，拆除自来水管共计1200m，水闸室共计9处，流态固化土回填量共计800m³，流态固化土的原料土为现场的开槽土。

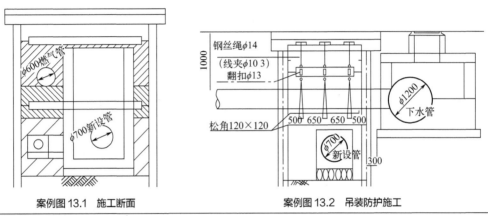

案例图 13.1　施工断面　　　　　　　　　案例图 13.2　吊装防护施工

【施工概要】

流态固化土的生产方法如案例图13.3所示。由于现场交通量大，没有合适的场地存放原料土，因此在距离10km处设置堆场，将生产的固化土输送到现场进行浇筑。

施工流程如下：

① 将工程渣土投入储有所需水量的水槽中，用斗式搅拌机将泥调解开；

② 调泥后的泥浆用挤压泵泵送至储泥槽中，并调整泥浆密度；

③ 将调整泥浆用挤压泵投入搅拌机中，定量添加固化剂，制备流态固化土；

④ 用搅拌车将生产的流态固化土输送到现场；

⑤ 现场用简易料斗直接浇筑。

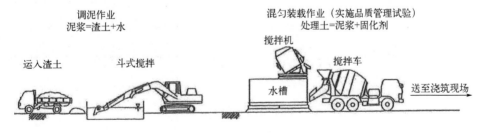

案例图 13.3　批次生产流态固化土的方法

【使用的材料】

原料土：工程渣土（主要为风化山砂）

水：进行水质检验（pH值试验、氯离子浓度试验等）

固化剂：普通波特兰水泥

案例表13.1 流态固化土配比

原料土/kg	固化剂/kg	水/kg	外加剂/kg	强度 / （kgf/cm²）		扩展度 /mm	泌水率/%
				q_{u7}	q_{u28}		
1179	80	424	0	1.51	2.77	200	0.5

【适用土质】

代表性开槽土的物理性质如案例表13.2所示。

案例表13.2 工程渣土的粒度试验结果

试样编号	自然含水率/%	土颗粒相对密度	砾成分/%	砂成分/%	粉土成分/%	黏土成分/%
①	23.1	2.814	31	40	12	17
②	23.1	2.764	30	38	8	24
③	23.1	2.792	33	37	8	22

【施工后的状况及其他】

施工后的状况

（1）质量控制测试结果

针对最大粒径、单轴抗压强度、扩展度值、泌水率，每100m³进行1次检测，结果全部满足预定的标准。

（2）电势差

流态固化土回填可能引起地下电势差，从而导致钢管因电化学腐蚀而劣化。为此，对地下电势差进行了长期检测，所测得的电势差极微小，远低于规定值。

（3）埋设管道的沉降

由于使用流态固化土回填代替承托防护，为此对埋设管道的沉降进行长期监测。经过6个月后，没有发现沉降。

（4）工程渣土的管理

使用泥浆盾构施工中所使用的砂筛分仪来简易评估和掌握渣土的特性变化。

案例图 13.4 施工现场

【参考文献】

案例 14

用途	用以替代承托防护施工的回填工程	目的	用流态固化土回填来代替混凝土结构旁暴露燃气管道的承托防护（试验施工）
工程名称	国道加宽工程附属的燃气管道回填工程		
施工地点	神奈川县横滨市国道		
业主单位	东京燃气（株）	工期	1994 年 7 月

【工程概要】

由于绕城道路拓宽施工，导致煤气管道暴露。煤气管道紧邻混凝土结构，难以进行常规的承托防护施工。燃气管道有鞘管防护，因此尝试使用流态固化土回填。该工程 1 天完成，总浇筑量为 34m³。

施工地点和浇筑情况如案例图 14.1 和案例图 14.2 所示。

案例图 14.1　浇筑处和悬吊防护施工　　　　　　案例图 14.2　浇筑情况

【施工概要】

在施工现场安装移动式搅拌站生产流态固化土，生产流程如下所示：

① 向调泥混合机中依次投入定量的水、原料土并混合搅拌 3min；

② 添加定量的固化剂，混合搅拌 30s；

③ 在继续搅拌的状态下，直接浇筑至回填处。

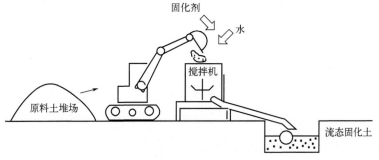

案例图 14.3　流态固化土的生产方法

【使用材料】

工程渣土：风化山砂

水：自来水

固化材料：普通波特兰水泥

案例表14.1　流态固化土的配合比

配合比/（kg/m³）	
原料土	1300
添加水	320
固化剂	80

【适用土质】

因为现场工程渣土已被处理，所以购买了风化山砂。风化山砂特性如案例表14.2所示。

案例表14.2　山砂特性

土颗粒密度/（g/cm³）	含水率/%	粒度组成/%				最大粒径/mm
		砾石	砂石	粉土	黏土	
2.682	19.01	1	84	12	3	8.0

【调查及施工后的状况，问题点等】

·施工后的状况：

目测固化土的填充状况良好；

回填总浇筑量为34m³，与生产量一致；

·性能管控：每6m³进行一次质量检测，所得结果如案例表14.3所示。

案例表14.3　质量管理结果

No.	单轴抗压强度/（kgf/cm²）		扩展度/mm	泌水率/%
	1d	28d	浇筑时	3h后
1	1.65	4.54	230	0
2	1.78	5.02	220	0
3	1.82	4.94	215	0
4	1.45	4.77	224	0
5	1.06	4.82	218	0
6	1.72	5.04	220	0
平均	1.67	4.86	221	0

案例图14.4　浇筑完成情况

【参考文献】

案例 15

用途	埋设管道的回填工程	目的	省去承托防护，使用改良土作为原料进行小规模当日修复的简易施工
工程名称	大久保地区 NTT 管道安装工程		
施工地点	东京都区内		
业主单位	日本电信电话株式会社（NTT）	工期	1997 年 2 月

【工程概要】

　　人行道铺设 NTT 管道后采用流态固化土进行回填。由于现场其他企业铺设的管道及竖井密集交错，压实机械难以进入场地，普通的砂土回填难以充分压实。此外，其他企业的竖井存在沉降风险，需要一种可靠的回填施工方法，因此尝试采用流态固化土回填。

　　此次现场回填量较少（约 5m³），并要求当天恢复交通。因此，采用事先掌握特性的改良土进行简化施工，而不是通常将调整泥浆输送到现场与固化剂混合后浇筑的方式。

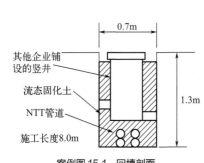

案例图 15.1　回填剖面

案例图 15.2　埋设物状况

【施工概要】

施工使用的材料、器材配置如案例图 15.3 所示

施工流程如下：

① 铺设 NTT 管道后，配置反铲、卸料车、供水车、搅拌机等；

② 由供水车向搅拌机加水；

③ 用反铲将改良土投入搅拌机；

④ 达到标准配量后，拌和制成泥浆；

⑤ 往泥浆中投入固化剂，拌和均匀；

⑥ 将生产的流态固化土直接浇筑到沟槽中。

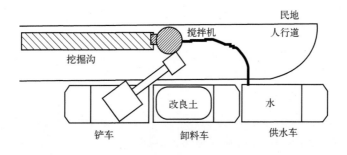

案例图 15.3　现场配置

【使用的材料】

泥浆：密度为 1.53t/m³，材料为改良土、自来水

固化剂：速硬型水泥基固化剂

案例表15.1 流态固化土的配合

泥浆配合比（kg/m³）			固化剂（每立方米泥水）/kg	扩展度/mm	泌水率/%	单轴抗压强度/（kgf/cm²）	
改良土（干燥质量）	水	泥浆密度/（t/m³）				4h	28d
870	660	1.53	160	215	0	1.54	5.20

【适用土质】

生产流态固化土时所用改良土（对NTT工程产生的工程渣土进行土质改良，调整强度、粒径，使其能够作为回填材料使用。通常直接对其进行碾压施工）的性质试验结果如案例表15.2所示。

案例表15.2 土质试验结果

土质分类	含水率/%	粒度组成/%			最大粒径/mm
		砾成分	砂成分	细粒成分	
砂土	25.6	28.6	40.9	30.5	9.5

【施工后的状况及其他】

（1）施工后的状况

① 填充状况。尽管浇筑场地狭窄，但还是确保了管道周围及其他公司铺设的竖井下部的可靠填充。

② 施工后的性能检验结果，如案例表15.3所示。

案例表15.3 施工后的性能检验结果

扩展度/mm	泌水率/%	单轴抗压强度/（kgf/cm²）	
		4h	28d
206	0	1.39	5.20

（2）其他

使用改良土作为流态固化土的原料有以下优点：

① 不需要储存原料土；

② 改良土特性基本保持不变，不需要分别进行配合比设计；

③ 不需要输送泥浆，运输车辆可以是普通的自卸卡车；

④ 不会产生剩余泥浆，无须处理废弃物。

【参考文献】

後藤 光，大島 睦 他:流動化処理土の配合設計における一考察，第51回土木学会年次学術講演会

案例 16

用途	农业用水管线管体基础施工	目的	通过简易小型搅拌站进行现场施工
工程名称	六美干线水路高河原工程		
施工地点	爱知县西尾市		
业主单位	东海农政局	工期	2002 年 4 月～ 2003 年 3 月

【工程概要】

对城郊开放式供水道进行管线式改造施工过程中，强化塑料复合管的基础部分采用了流态固化土回填施工。在现场安装简易小型搅拌站，以工程渣土为原料土制备配合比设计所需的泥状土，并加入固化剂进行混合搅拌，制成流态固化土。原料土使用了本工程中产生的原本需要做弃方处理的建筑渣土（参照文献）。

【施工概要】

大口径埋管基础部分的施工回填概要如案例图 16.1 所示。结构物的基础部分用流态固化土回填后，再用填土覆盖。

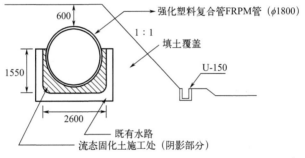

案例图 16.1 结构物的概要

简易小型搅拌站的施工系统如案例图 16.2 所示。设备的情况如案例图 16.3 所示。

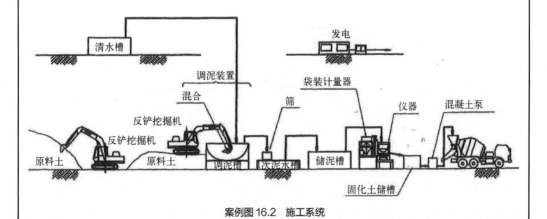

案例图 16.2 施工系统

【使用材料】

泥状土：密度为1.60g／cm³，原料土为现场工程渣土

固化剂：高炉矿渣水泥B类

案例表16.1　调泥式配合比实例（混合比1.0，砂质土796kg）

调整泥浆（单位）配合比/（kg/m³）			泥浆密度/（g/cm³）	固化土密度/（g/cm³）	扩展度/mm	泌水率/%	单轴抗压强度/（kN/m²）
黏土	水	固化剂					
401	395	190	1.2	1.6	160以上	<1	500

【适用土质】

案例表16.2　原料土的土质试验结果（另有砂质土）

名称	土颗粒相对密度	自然含水率/%	粒度组成/%			液限/%	塑限/%
			细粒土	砂	砾		
黏土	2.53	82.9	82.0	16	2	82.2	51.9

【施工后的状况】

案例图16.3　设备情况

案例图16.4　回填完成

（1）施工性（填充性）

免去了在埋设管道下方的作业环节，提高了施工安全。下部充填密实可靠。浇筑量204m³，由于再生利用工程渣土，废弃渣土量减少134m³。流态固化土具有自流平性能，从而大大提高了施工效率。

（2）性能管控

根据现场性能检测试验，简易小型搅拌站生产的流态固化土性能达到要求，单轴抗压强度在600～700kN/m²范围内。

（3）其他

简易小型搅拌站的安装作业为1d，拆卸作业需1d。

【参考文献】

齊藤和美，白枝健:流動化処理工法による農業用水パイプラインの管体基礎工の施工，建設の機械化，2004年5月

案例 17

用途	地铁车站设施的回填	目的	地铁车站设施侧部及密封式隧道部分的回填
工程名称	MM，高岛 st 流态固化土制备运输等工程		
施工地点	神奈川县横滨市		
业主单位	日本铁道建设公团东京分社	工期	1998 年 12 月～ 2001 年 12 月

【工程概要】

将横滨港未来地区地铁车站建设部分挖掘出的 2.4 万立方米渣土作为原料土，用于车站设施部分（开放式隧道部分）和密封式隧道部分的流态固化土回填。在该地区内设置搅拌站生产流态固化土，并用搅拌车运送到各施工区进行浇筑

【施工概要】

开挖土堆场与流态固化土生产设施的位置关系如案例图 17.1 所示

施工流程如下：

① 向调泥站投入储存的黏土、水，通过搅拌混合进行调泥；

② 将调泥后的泥浆泵入调整泥浆槽，加水调节至规定密度；

③ 将制备好的调整泥浆、风化山砂和固化剂投入全自动批次式搅拌站，通过搅拌混合制备流化处理土；

④ 用搅拌车将生产的流态固化土输送到 12 个工区进行浇筑

如果使用黏土含量多的开挖土，且用水量也多，固化土密度会变低，与周围地基的差异很大。为了减少与周围地基的差异，加入风化山砂以改善其物理性能。

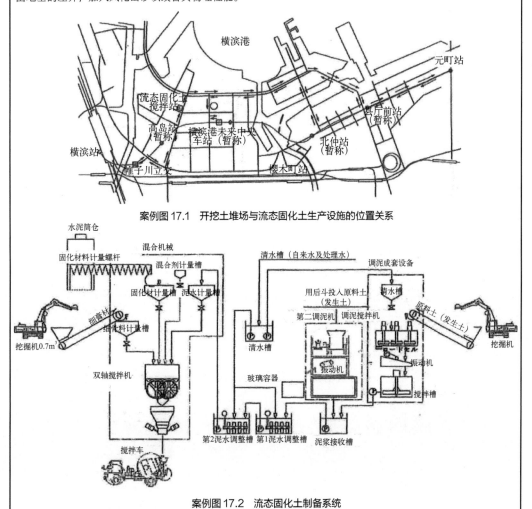

案例图 17.1　开挖土堆场与流态固化土生产设施的位置关系

案例图 17.2　流态固化土制备系统

【使用的材料】主要用途及配合比如案例表17.1所示。

工程渣土：冲积层黏土　　水：自来水　　固化剂：水泥基固化材料（A，C），高炉矿渣水泥B类（B）

案例表17.1　主要用途及配合比

类型	用途	强度	扩展度	泌水率	原料土/kg	水/kg	风化山砂/kg	固化剂/kg	缓凝剂/kg
A	开挖部	260～560kN/m²（龄期28d）	160～300mm（搅拌完毕时）	不到1%（搅拌完毕3h）	424	636	133	59	0
B	道床部	6000kN/m²（龄期28d）			274	410	684	273	3
C	竖井部	200kN/m²以上（16h）　5000kN/m²以下（龄期28d）			198	481	678	206	0

【适用土质】本区域挖掘用于流态固化土的原料土试验结果如案例表17.2所示。

案例表17.2　本区域挖掘用于流态固化土的原料土试验结果

自然含水率/%	土颗粒密度/（g/cm³）	粒度构成/%				液限/%	塑限/%
		砾成分	砂成分	粉土分	黏土分		
104.2	2.69	0	7.1	27.9	65.0	121.5	59.6

【施工后的状况及其他】

（1）施工后的状况

① 施工性。隧道道床部使用高强度流态固化土回填，每次从搅拌站运输到现场浇筑，需要约1h，即使夏季其流动性经时损失也在预期范围内，不会影响浇筑。但为了避免残留固化土凝固现象出现，需要每天清洗数次搅拌站和搅拌车。

② 流态固化土的均质化。因担心黏土较长时间的临时堆放会造成含水率降低，从而影响固化土性质的稳定性，因此，需要对泥浆的密度和黏度进行测控。此外，泥浆的密度需要根据加入风化山砂的含水率变化而进行适当调整。使用基于压力表的密度测量仪，将泥浆密度调整到目标值的±0.01g/cm³范围内。七种配合比固化土的强度变异系数为10%～15%。

（2）其他

为了保证稳定供应，安装了两台调泥机和两个固化剂筒仓，以满足不同用途的配合比。另外，通过与各工区的密切配合，基本实现了按期完成回填。

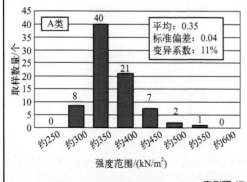
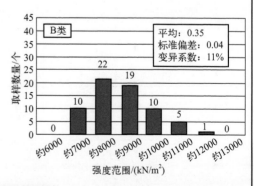

案例图17.3　固化剂筒仓

案例18

用途	加宽填土	目的	土体结构的构筑
工程名称	普通国道改良工程		
施工地点	爱知县丰田市		
业主单位		工期	2004年9月～2004年10月

【工程概要】

该工程是为了改善某国道和某地方主要道路（四车道）立交处的坡道，用垂直路堤拓宽现有路堤，放宽坡道，并拓宽与坡道下部并行的市政道路。最初设计的施工方法是采用现场工程渣土进行加固土墙，最终方案是采用流态固化土拓宽路堤，其最大高度为4.8m（整个路堤的最大高度为5.65m）。

【施工概要】

填方量：1200m³

土体结构截面：参考案例图18.1

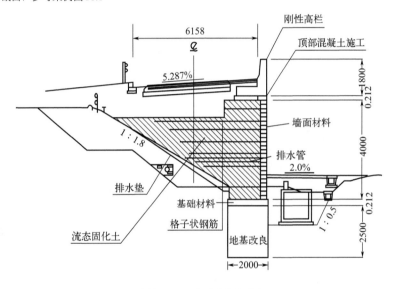

案例图18.1　加宽路堤剖面图

对于路堤结构，需要考虑路堤本身的稳定性（内部稳定性）及结构与围地基的稳定性（外部稳定性）。对于采用流态固化土构筑的路堤，需要考虑以下新的问题并采取相应对策。

（1）流态固化土的耐久性

确保固化土密度在1.5g/cm³以上，上部覆土50cm以上。

采用特殊的再生制品砌块作为高密封性墙面材料，以尽可能防止干燥。为了确保在不可抗力作用下导致路堤部分开裂和固化土破坏的情况下维持整个路堤的稳定性，在路堤的内部垂直方向上每隔1m安装 100 mm × 100 mm@ 6 mm 的钢筋网格。

（2）施工后地下水压力等引起的偏压稳定性

在既有填土和新建结构之间的边界处设置排水垫，在既有填土的斜坡下端设置暗渠排水。此外，以5m的间隔安装排水管，将暗渠排水连接到墙体前面以确保有效排水。

（3）地基加固

为了防止滑坡，对宽2.0m、深2.5m的地基柱状区域进行了加固处理。

【使用的材料】

原料土使用的是爱知县内的工程渣土。流态固化土的设计单轴抗压强度设定为垂直路堤所需强度（0.17N/mm²）的3倍，即0.5N/mm²。基本配合比和性能目标值如案例表18.1所示。

固化剂为高炉矿渣水泥，调整泥浆为混凝土骨料生产设备产生的黏土泥浆。主材料为设施周边的公共工程产生的工程渣土（砂质土）。

案例表18.1　基本配合和性能目标值

泥浆密度/（t/m³）	泥浆混合比 P	配合比/（kg/m³）			性能目标值			
		固化剂	泥浆	风化山砂	密度/（t/m³）	扩展度/mm	单轴抗压强度/（N/mm²）	泌水率/%
1.297	1.1	130	796	587	1.547	230	0.6	≤1

注：风化山砂含水率为5.8%，土颗粒密度为2.68g/cm³

【施工后的状况】

（1）流态固化土的制备

该工程使用的流态固化土由距离现场7km的位于爱知县濑户市的常设搅拌站工厂生产并用搅拌车进行输送。

（2）输送

使用运载量为4.5m³/台的搅拌车进行输送。

（3）浇筑

输送的流态固化土根据现场条件采用溜槽直接浇筑和泵送浇筑，流态固化土分层浇筑，厚度为1m，采用宽45cm、深30cm、高20cm的砌块砌筑高度为1m的墙（分5层），以提供防水。每次的浇筑高度与墙面砌筑高度一致，流态固化土固化后再进行砌筑材料的铺设，如此反复进行直到达到既定高度。

案例图18.2　流态固化土的输送浇筑

案例图18.3　加宽路堤完成后的墙面

【参考文献】

【1】久野悟郎・三ッ井达也・和泉彰彦・山田雅登：流動化処理土による拡幅盛土工法(その1—流動化処理土の適用性)，回地盤工学研究発表会，平成17年7月

【2】野悟郎・岩渊常太郎・三ッ井达也・滝野充啓・和泉彰彦：流動化処理土による幅盛土工法(その2—施工事例)，第40回地盤工学研究発表会，平成17年7月

附属资料

配合比试验用数据表

单轴抗压试验用数据表

流态固化土试验

调查件名：_____ 试验年月日：_____（　　）

试验者：_____

<table>
<tr><td rowspan="9">流态固化土</td><td>目标泥浆密度</td><td colspan="2">配合比</td><td colspan="3">P漏斗/s</td></tr>
<tr><td>γ_f/γ_w</td><td>黏土</td><td>水</td><td>1</td><td>2</td><td>平均</td></tr>
<tr><td></td><td>g</td><td>g</td><td></td><td></td><td></td></tr>
<tr><td rowspan="2">混合比P</td><td colspan="2">配合比</td><td colspan="2">固化剂</td><td>黏度（c_p）</td></tr>
<tr><td>工程弃土</td><td>泥浆</td><td>掺加量</td><td>种类</td><td>＜泥浆＞</td></tr>
<tr><td></td><td>g</td><td>g</td><td>（C=　　）
g</td><td></td><td></td></tr>
<tr><td colspan="2">单位体积质量（泥浆）γ_f</td><td colspan="3">单位体积质量（流态固化土）γ_m</td><td>黏度（c_p）</td></tr>
<tr><td>质量</td><td>实测密度</td><td>质量</td><td>实测密度</td><td>目标密度</td><td>＜固化土＞</td></tr>
<tr><td>g</td><td>g/cm³</td><td>g</td><td>g/cm³</td><td>g/cm³</td><td></td></tr>
<tr><td rowspan="3">扩展度
试验/
mm</td><td colspan="2">JHS（8×8）</td><td colspan="4">JIS</td></tr>
<tr><td>长方向直径</td><td>短方向直径</td><td>长方向直径</td><td>短方向直径</td><td>长方向直径</td><td>短方向直径</td></tr>
<tr><td colspan="2">平均值（立即读取）</td><td colspan="2">平均值（立即读取）</td><td colspan="2">平均（坍落15次后读取）</td></tr>
<tr><td></td><td></td><td></td><td></td><td></td><td></td><td></td></tr>
<tr><td rowspan="5">泌水
试验</td><td>立即读取</td><td>3h后</td><td colspan="2">20h后</td><td></td><td rowspan="2">湿密度
/（g/cm³）</td></tr>
<tr><td>灌入浆体体积
（V）/mL</td><td>泌水量（B）/mL</td><td>灌浆体积（V'）/mL</td><td>泌水量
（B'）/mL</td><td>灌入浆体质
量/mg</td></tr>
<tr><td colspan="2">泌水率/%</td><td rowspan="2">膨胀率/%
$[(V'+B')-V]/V×100$</td><td></td><td colspan="2">含水率/%</td></tr>
<tr><td>3h后</td><td>经过20h后</td><td></td><td>上部</td><td>下部</td></tr>
<tr><td>$B/V×100$</td><td>$B'/V×100$</td><td></td><td></td><td colspan="2">m_w/m_s</td></tr>
<tr><td rowspan="3">含水率
/%</td><td colspan="2">泥浆W_{Af}</td><td colspan="2">混合后立即读取W_m</td><td rowspan="2">黏土</td><td rowspan="2">工程弃土</td></tr>
<tr><td>目标含水率</td><td>实测含水率</td><td>目标含水率</td><td>实测含水率</td></tr>
<tr><td></td><td></td><td></td><td></td><td></td><td></td></tr>
<tr><td rowspan="8">单轴抗
压试验</td><td colspan="6">龄期7d（试验日：　　　　）</td></tr>
<tr><td></td><td>1</td><td>2</td><td>3</td><td>4</td><td>平均</td></tr>
<tr><td>单轴抗压强度/（kgf/cm²）</td><td></td><td></td><td></td><td></td><td></td></tr>
<tr><td>湿密度/（g/cm³）</td><td></td><td></td><td></td><td></td><td></td></tr>
<tr><td>含水率/%</td><td></td><td></td><td></td><td></td><td></td></tr>
<tr><td colspan="6">龄期28d（试验日：　　　　）</td></tr>
<tr><td></td><td>1</td><td>2</td><td>3</td><td>4</td><td>平均</td></tr>
<tr><td>单轴抗压强度/（kgf/cm²）</td><td></td><td></td><td></td><td></td><td></td></tr>
<tr><td>湿密度/（g/cm³）</td><td></td><td></td><td></td><td></td><td></td></tr>
<tr><td>含水率/%</td><td></td><td></td><td></td><td></td><td></td></tr>
</table>

流态固化土处理工艺	土的单轴抗压试验		记录用纸

调查名·调查地点 _____ 试样年月日年月 _____ 年 __ 月 __ 日

试样编号·深度: No. _____ (__ m ～ __ m) 试验者 _____

压缩计编号No. _____ 标量 _____ kgf 压缩速度 _____ %/min

样品编号No. _____	试样状态: 无扰动, 可重复	样品编号No. _____	试样状态: 无扰动, 可重复

压缩计校正系数 _____ kgf/刻度　$k=\dfrac{K}{A_0}$ _____ kgt/cm²/刻度

压缩计校正系数 _____ kgt/刻度　$k=\dfrac{K}{A_0}$ _____ kgt/cm²/刻度

样品	直径/cm		样品	直径/cm	
	平均直径/cm	截面积 A_0/cm²		平均直径/cm	截面积 A_0/cm
	高度 L_0/cm	体积 V/cm		高度 L_0/cm	体积 V/cm³
	质量/mg	湿密度 /(ρ_tg/cm³)		质量/mg	湿密度 /(ρ_tg/cm³)

含水率测定	容器 No.			破坏状况	含水率测定	容器 No.			破坏状况
	m_a/g					m_a/g			
	m_b/g					m_b/g			
	m_c/g					m_c/g			
	m_d/g					m_d/g			
	ω/%					ω/%			
	平均含水比 $\omega=$ %					平均含水比 $\omega=$ %			

压缩量 ΔL /×10⁻²mm	压缩应变 ε/%	压缩计读数 R	$p=Rk$ /(kgf/cm²)	截面修正 $1-\dfrac{\varepsilon}{100}$	压缩应力 $\sigma=$ $p\left(1-\dfrac{\varepsilon}{100}\right)$ /(kgf/cm²)	压缩量 ΔL /×10⁻²mm	压缩应变 ε/%	压缩计读数 R	$p=Rk$ /(kgf/cm²)	截面修正 $1-\dfrac{\varepsilon}{100}$	压缩应力 $\sigma=$ $p\left(1-\dfrac{\varepsilon}{100}\right)$ /(kgf/cm²)
5						5					
10						10					
15						15					
20						20					
25						25					
30						30					
35						35					
40						40					
45						45					
50						50					
60						60					

70						70					
80						80					
90						90					
100						100					
110						110					
120						120					
130						130					
140						140					
150						150					
160						160					
170						170					
180						180					
190						190					
200						200					
210						210					
220						220					
230						230					
240						240					
250						250					
260						260					
270						270					
280						280					
290						290					
300						300					

参考文献

【1】 久野悟郎，三木博史，森範行，吉池正弘，神保千加子，保立尚人：共同溝に埋戻された流動化処理土のボーリング調査，第 51 回土木学会年次学術講演会，平成 8 年 9 月

【2】 久野悟郎，三木博史，持丸章治，岩淵常太郎，竹田喜平衛，加々見節男，大山正：発生土の利用率を高めた流動化処理土の充填性に関する実物大実験，第 29 回土質工学会研究発表会，平成 6 年 6 月

【3】 久野悟郎，三木博史，森範行，岩淵常太郎，三ツ井達也，市原道三：流動化処理土による坑道埋戻し充填に関する実物大打設実験，第 30 回土質工学会研究発表会，平成 7 年 7 月

【4】 久野悟郎，三木博史，森範行，吉池正弘，隅田耕二，高橋秀夫：流動化処理土のポンプ庄送性試験，第 5 回土木学会年次学術講演会，平成 8 年 9 月

【5】 久野悟郎，三木博史，森範行，岩淵常太郎，小池賢司，寺田有作：流動化処理工法による路面下空洞充填試験施工の概要報告，第 50 回土木学会年次学術講演会，平成 7 年 9 月

【6】 久野悟郎，佐久間常昌，神保千加子，岩淵常太郎，高橋信子：流動化処理土の透水試験，土木学会第 50 回年次学術講演会，平成 7 年 9 月

【7】 久野悟郎，三木博史，森範行，吉池正弘，神保千加子，岩淵常太郎：共同溝に埋戻された流動化処理土の透水性，第 31 回地盤工学研究発表会，平成 8 年 7 月

【8】 久野悟郎，三木博史，竹田喜平衛，沢村一朗：発生土の利用率を高めた流動化処理土の諸性状，第 49 回土木学会学術講演会，平成 6 年 9 月

【9】 久野悟郎，平田健正，神保千加子，岩淵常太郎，阿部進：流動化処理土による坑道埋戻しに帰因する周辺環境への影響に関する一考寮（その 1），第 30 回地盤工学研究発表会，平成 7 年 7 月

【10】 塚本克良，安部浩，勝田力，神田慶昭：流動化処理土の pH と陽極電位への影響試験，第 30 回地盤工学研究発表会，平成 7 年 7 月

【11】 久野悟郎，持丸章治，竹田喜平衛，加々見節男：発生土の利用率を高めた流動化処理土の浮力に関する実物大実験，第 49 国土木学会学術講演会，平成 6 年 9 月

【12】 久野悟郎，岩淵常太郎，市原道三，神保千加子，本橋康志：流動化処理土の温度上昇に関する一考察（その 1），第 30 回土質工学会研究発表会，平成 7 年 7 月

【13】 久野悟郎，岩淵常太郎，市原道三，神保千加子，本橋康志：流動化処理土の熱的特性，第 50 回土木学会年次学術講演会，平成 7 年 9 月

【14】 Kuno Goro, Miki Hiroshi, Mori Noriyuki, Iwabuchi Jotaro : Study on a back filling method with Liquefied Stabilized Soil as to recyclng Excavated Soils, 20th world road congress, PARC, 1995 .9

【15】 久野悟郎，三木博史，森範行，岩淵常太郎：流動化処理土の利用技術の開発，土木技術，Vo1.49-8，平成 6 年 8 月

【16】 三木博史，森範行：土の流動化処理工法の各種用途への利用技術，土木技術資料，Vo1.37-9，平成 7 年 9 月

【17】 三木博史，森範行，久野悟郎：流動化処理土による路面下空洞の充填，第 21 回日本道路会議

一般論文集（b）平成7年10月

【18】Kuno Goro, Miki Hiroshi, Mori Noriyuki, Iwabuchi jotaro:Application of the liquefied stabilized soil method as a soil recvcling svstem, proceedings of the second international congess on environmental geotechnics volume 2.1996.11

【19】久野悟郎，流動化処理工法研究機構：土の流動化処理工法（第2版）～建設発生土・泥土の再生利用技術～，技報堂出版，2007

译者后记：流态固化土在中国的发展与应用

一、翻译本书的背景

土壤（岩土）稳定/固化(solidification/stabilization，S/S)是一项古老而又不断发展创新的技术，即通过某种措施将散碎状的土壤固结为具有一定强度的固化土体。固化的主要目的是获得比天然土更高的强度、更好的整体性和抗渗性。固化土与自然土的最大区别在于整体性与散碎性[1]。

土壤（岩土）稳定/固化技术在交通、建筑、市政、矿山、水利、环境等领域均有广泛的应用。按照施工技术的特点，笔者将固化土分成三个大的类型：

·压实型固化土（以路基工程为代表）；

·原位拌和型固化土（以搅拌桩、粉喷桩、TRD工法与SMW工法连续墙为代表）；

·浇筑型或流态型固化土（以矿山采空区胶结回填、流态固化土、可控低强度材料CLSM为代表）。

2020年12月，经过多方协调，笔者在中国混凝土与水泥制品协会下发起成立了岩土稳定与固化技术分会，并担任首届秘书长，旨在促进土壤（岩土）稳定/固化这一多学科、多行业交叉的领域获得更好的发展，加强行业之间的交流合作和推动技术链及产业链的融合创新。

岩土稳定与固化技术分会成立大会

流态型固化土在国内市政工程中的首次规模化应用是在2017年北京城市副中心综合管廊基槽回填工程，提出了"预拌流态固化土"（简称"流态固化土"）的概念，其后在成都、深圳、雄安等地得到了不同规模的推广[1]。特别是在2020年岩土稳定与固化技术分会成立后，更多的企业和研究人员开始把目光投向流态固化土这一新兴方向。近年来，研究论文、工程应用、标准规范和产业化推广纷至沓来，形成了一个行业热点。

在研究和推广应用流态固化土的过程中，日本埼玉大学栾尧教授给我推荐并寄来了日本土木研究所编著的《流态固化土设计与施工技术手册》（注：国内学者早期直译日文的"流动化处理土"，今统一为流态固化土），初读之后，感觉该书内容深入系统，与我国目前在建筑与市政工程中推广应用的流态固化土技术体系高度契合，对我国的研究者和工程技术人员具有很高的参考价值。于是，我们商量决定共同翻译这本日文专著。在栾尧教授的大力协助下，我们获得了日方的授权。经过一年多时间的翻译和反复修改，终于完稿付印。

在此，需要感谢张仁杰、张磊、周鑫等多位研究生为本书翻译所做的大量基础性工作！相信这本译著，能够给我国目前方兴未艾的流态固化土技术提供有价值的技术参考。本书虽经多次讨论和校对，但限于译者的水平，书中不足之处在所难免，还请诸位读者和方家不吝批评指正。

二、有关概念的说明与延伸

从做博士论文《高含盐量盐渍土固化体在青藏地区的耐久性能研究》开始算起，笔者从事土壤（岩土）稳定/固化工作已持续了20余年。在不断研究和工程应用过程中，先后进行过矿山采空区的胶结回填、路基和地基的加固处理以及市政、建筑、交通工程回填等方向的研究与技术推广工作，深刻体会了固化土这种材料及其工程应用体系的独特性。在此，结合自己的理解和感悟，不揣浅陋，就有关流态固化土相关的概念、问题做一些梳理和阐释，以飨读者。

1.流态固化土与低强度流态填筑材料

流态固化土的定义：根据工程需要，就地取土，掺入与岩土特性相适应的专用特殊胶凝材料（固化剂），以及必要的水和外加剂，通过搅拌机拌和均匀，制得具较大有流动性的混合料，经浇筑、养护后，凝固成为具有一定强度、水稳定性、低渗透性和保持长期稳定的新型岩土工程材料[1]。

与此类似的材料体系还有用于矿山采空区回填的胶结充填材料、美国提出的可控低强度材料(controlled low-strength materials，CLSM)、水利工程上用的黏土水泥浆、交通工程上用的液态粉煤灰，甚至是泡沫混凝土等。这类材料的技术特点是：具有较好的匀质性和优异的施工性能，可以通过管道输送或泵送、自密实浇筑。相比于传统回填材料，免去了压实工艺，可以显著提高施工效率，且沉降变形可以在很短时间内完成；对狭窄或异形空间的回填，更具有无可替代的技术优势。另外，可以大量消纳利用渣土、尾矿、泥浆、粉煤灰等多种低品质固体废弃物。

这些相似的材料体系，由于各行业的自身特点，其应用场合、性能要求、施工方法、材料组成以及名称术语都有不同，因此，笔者认为，应该将它们统一到一个新的概念——低强度流态填筑材料，其定义为：以土或工矿业废弃物细颗粒为主要基料，加入适量的胶凝材料、必要的添加剂和水，经搅拌设备充分混合均匀，可采用管道输送/泵送，浇筑时可自密实成型，凝结硬化后形成具有一定强度和其他性能的工程材料[2]。

　　低强度流态填筑材料是一类组成多样、用途广泛的工程材料。"低强度"主要是相比于浇筑施工的混凝土、砂浆、灌浆料，其硬化体强度较低（28 d抗压强度通常低于10 MPa），且用于岩土工程中的填筑材料，常与土的承载力相比较，因此也不需要太高的强度。ACI 229R规定的可控低强度材料(CLSM) 28 d无侧限抗压强度不超过8.3 MPa，《金属非金属矿山充填工程技术标准》（GB/T 51450—2022）提到矿山充填体的抗压强度一般在6 MPa以内，多为2~4 MPa(根据不同结构部位要求存在差异)，通常市政工程的回填材料的设计抗压强度多为0.3~1.0 MPa。正因为要求强度不高，并不需要像混凝土、砂浆有较为严格的原材料和较为统一的配合比参数，其材料组成具有多样性和非标准特征。

　　低强度流态填筑材料在组成上的最主要差别在于基料，基料主要由工程弃土、建筑垃圾再生砂/粉、工业废渣、尾矿砂、工程泥浆、搅拌站废浆液等低品质非标准化材料构成。在胶材的选择上，低强度流态填筑材料可以大量利用冶金渣、燃煤副产物、水泥窑灰、化工副产品(如电石渣、碱渣、废弃石膏)、农业副产物(如稻壳灰)等低品质固体废弃物，并通过协同设计和化学激发制成，作为水泥的替代品[3,4]。低强度流态填筑材料的组成，无论是基料还是胶凝材料，都大量使用废弃物或低品质材料，实现固体废弃物的资源化和水泥材料的减量利用，具有突出的包容性和绿色低碳特征。

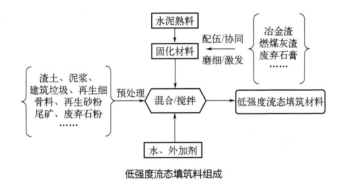

低强度流态填筑料组成

　　根据常见的基料粒径范围和强度范围，可以将低强度流态填筑料种类做一个相对性的区分[2]。

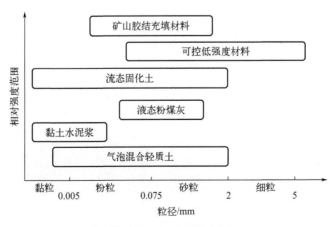

流态填筑料基料与相对强度分布示意

2. 拌和物工作性的测量与评估方法

低强度流态填筑材料在不同应用场景下的性能要求和测试方法存在显著差异，这使得其通用性和跨行业的交叉融合仍存在着挑战。以拌和物测试方法为例，有的按照混凝土的坍落度和扩展度方法进行测试，也有的按照砂浆扩展度方法测试；此外，美国、日本均使用圆柱筒来测试流态填筑材料的流动度，具体规格如下所示。

拌和物性能测试方法

测试仪器	仪器尺寸	依据标准
混凝土坍落度筒	底部内直径（200±2）mm，顶部内直径（100±2）mm，高度（300±2）mm	GB/T 50080—2016(中国)
砂浆扩展度仪	底部内直径（100±2）mm，顶部内直径（50±2）mm，高度（1500±2）mm	GB 50119—2013(中国)
圆柱筒（日本）	内直径80 mm，高80 mm	JIS A313(日本)
圆柱筒（美国）	内直径75 mm，高150 mm	ASTM D6103(美国)

为此，笔者对同一种流态填筑料的拌和物，分别采用砂浆扩展度仪、日本式圆柱筒和美国式圆柱筒测试扩展度，测得的扩展度数据分别为：180 mm、160 mm和205 mm。综合而言，混凝土坍落度仪适合有粗骨料的拌和物，不适合以细颗粒为主的流态填筑材料拌和物；考虑到流态填筑材料可能含有5~10 mm的颗粒，因而砂浆扩展度仪也不适合，且砂浆截锥筒上口较小，装料不便；此外，日本式圆柱筒对拌和物流动性的区分度不如美国式圆柱筒明显。

因此，推荐使用美国式圆柱筒作为测试流态填筑材料拌和物的工作性，同时，为了区别于砂浆的扩展度，建议将测试指标统一称为"流动扩展度"。该测试方法和术语，已用于多个工程项目，方便适用。并经笔者推荐，术语与测试方法已经纳入四川省地方标准《预拌流态固化土工程应用技术标准》（DBJ 51/T 188—2022）和中国市政工程协会标准《流态填筑料回填工程技术标准》等中。

进一步研究了日本式圆柱筒（内直径80mm、高80mm）与我们标准中主要采用的

(a) 砂浆扩展度仪

(b) 日本式圆柱筒

(c) 美国式圆柱筒

流态填筑料拌和物流动扩展度测试对比

美国式圆柱筒（内直径75 mm、高150 mm）测试结果的相关性。

两种测试筒的对比

拌和物类型	流动扩展度(美式测试筒)/mm	流动扩展度(日式测试筒)/mm
拌和物A	175	110
拌和物B	230	173
拌和物C	275	195
拌和物D	314	234

初步研究，日式测试筒的测试数值F_J和美式测试筒的测试数值F_A，存在如下关系。

$$F_J = K F_A$$

K的范围：0.7～0.8，不同的拌和物，K值不同。

3. 固化剂及其"三因"原则

土壤（岩土）固化剂的名称有多种说法，概念较为混乱。最主要的是混淆了"固化剂"和"固化外加剂"的概念。早期，交通系统曾将一些功能性添加剂（掺量通常为土质量的万分之几到千分之几）称为离子型固化剂、生物酶类固化剂等。严格上说，这些产品都是非胶凝材料，往往需要与水泥等胶凝材料配合使用。对应的第一版产品标准是《土壤固化剂》（CJ/T 3073—1998)，为了区别于胶凝材料，新修订的2015年版替代标准将名称改为《土壤固化外加剂》（CJ/T 486—2015)，这是十分明智而准确的。

因此，笔者建议，将针对土壤（岩土）的"固化剂"和"固化外加剂"分别做如下定义。

固化剂：用于岩土固化的胶凝材料。

固化外加剂：用于岩土固化的功能性助剂（非胶凝材料）。

这样区分就可以清晰分明了。通常的低强度流态填筑材料主要使用的是固化剂（胶凝材料），固化外加剂一般很少采用。

按照固化剂的这个定义，广义上的"固化剂"自然也包括了传统上大量使用的水泥和石灰。然而，众所周知，水泥和石灰是一种通用性胶凝材料，用于复杂多样的土壤（岩土）固化，特别针对粉土、黏土、淤泥质土、盐渍土等情况时，有时不能发挥很好的作用。因此需要开发特殊的胶凝材料体系（狭义的固化剂）。长期的研究和实践表明，采用燃煤灰渣、冶金渣和工业副产石膏等固体废弃物，可以配制出低水泥熟料甚至是无熟料的低碳胶凝材料——高效固化剂，用于软土固化，甚至性能可以显著超越普通硅酸盐水泥。适宜的高效固化剂可能只有普通硅酸盐水泥的碳排放量的不到1/3，是名副其实的低碳材料。高效固化剂完全可以大规模取代水泥用于土壤（岩土）的稳定和固化，其市场前景广阔，意义深远。

笔者将其总体技术路线概括为："复合矿物设计+化学激发+土颗粒表面改性"，在化学组成上遵循CaO-Al$_2$O$_3$-SiO$_2$-SO$_3$体系平衡，在水化硬化上体现为水化产物的类型及其分布在时间-空间的有序发生，以形成最密实的固化体微观结构。

高效的土壤（岩土）固化剂是一类个性化产品，是通用化产品水泥、石灰之类的有效替代者。因此，笔者认为，固化剂与其说是一种产品，不如说是一种技术方案更贴合实际。

固化剂的配制通常遵循"三因"原则，即"因土""因用""因地"。所谓"因土"，即因土制宜，需要根据不同的土质类型，区分砂土、黏土、淤泥质土、盐渍土、尾矿砂（泥）等，设计固化剂的组成；所谓"因用"，即因用制宜，需要根据应用方式和施工方式，区分碾压（如路基）、搅拌（如旋喷桩桩）、灌注（如矿井充填、市政填筑）等不同的施工方式，来考虑固化剂的组成；所谓"因地"，即因地制宜，需要考虑综合利用当地多种工、矿业废渣和地域性材料，以达到就近取材、就地利用，减少物流运输的目的。这对于大宗材料提高性价比具有现实意义。

4. 流态固化土的工程应用案例

低强度流态填筑材料是一类组成多样、用途广泛的工程材料。该材料体系包容性强，原材料选择范围广，可以使用水泥混凝土难以利用的各种固体或液态废弃物，特别是对于含水率很高的液态废弃物，如废弃工程泥浆、赤泥、尾矿泥等，用于流态填筑料体系，一般不需要再经过时间漫长且成本高昂的脱水环节，大大提高了处置效率，降低了资源化利用成本，从而为规模化消纳创造了条件。因此，以低强度流态填筑料为中心，可以建立起一套多种废弃物协同处置的新体系，协同处置建筑垃圾(特别是渣土类建筑垃圾)、工业固废等目前城市急需消纳处理的大宗低质固废，形成一个上下游联动的绿色化产业链条，为固体废弃物综合利用提供新的解决方案。

低强度流态填筑料具有重要的工程价值和社会意义，应用前景广阔，除了目前在建筑、市政、交通和矿山工程中的回填外，也可以用于临时地坪、临时或低等级道路，随着技术进步和材料性能的提高，流态填筑料还有望扩展应用到"浇筑式地基"和"浇筑式路基"，以及地下工程和水利工程的防水和防渗，建立新的技术体系。

流态固化土用于综合管廊肥槽回填（2017年，北京）

流态固化土用于综合管廊肥槽回填（2018 年，成都）

流态固化土建筑场馆室内和基坑回填（2021 年，成都）

轻质流态固化土回填地坪（2022 年，成都）

流态固化土用于路基回填（2021 年，深圳）

流态固化土用于独立承台回填，取代砖胎模（2023年，成都）

流态固化土用于桩基（2023年，山西）

流态固化土用于道路工程"三背"回填（2024年，云南）

北京工业大学教授、博导

中国建筑学会建筑材料分会副理事长、秘书长

CCPA岩土稳定与固化技术分会创始人、秘书长

周永祥

2024年7月1日

中国混凝土与水泥制品协会岩土稳定与固化技术分会

官方网站：http://www.soilss.com

官方微信公众号：soilss000

译者后记参考文献

[1] 周永祥, 王继忠. 预拌固化土的原理及工程应用前景[J]. 新型建筑材料, 2019, 46: 117-120.

[2] 周永祥, 霍孟浩, 等. 低强度流态填筑材料的研究现状及展望[J/OL]. 材料导报, 2024, 38(15): 23040087.

[3] 周永祥, 刘倩, 王祖琦, 等. 流态固化土用无熟料胶凝材料的性能研究[J]. 硅酸盐通报, 2022, 41(10):3548-3555.

[4] 刘倩, 周永祥, 王祖琦, 等. 稻壳灰-脱硫灰-钢渣复合胶凝材料的制备及在固化土中的应用[J]. 建筑科学, 2022, 38(7):6.